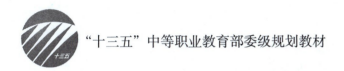

"十三五"中等职业教育部委级规划教材

服装CAD板型制作与放码

国新杰　主编

方　琴　刘春燕　林凤秒　副主编

U0189850

国家一级出版社　　中国纺织出版社　　全国百佳图书出版单位

内 容 提 要

本书为"十三五"中等职业教育部委级规划教材。

本书共分八章，内容包括：服装CAD概论、裙装板型制作与放码、男西裤板型制作与放码、男衬衣板型制作与放码、男西服板型制作与放码、平驳领女上衣板型制作与放码、插肩袖女大衣板型制作与放码、典型案例分析。

本书着重从CAD板型设计、制作与放码来帮助学生们了解掌握电脑打板与放码技术。重点介绍了裙型、裤型、女上装、男西服的工业制板与缩放样板的方法。尤其是对服装原型的构成原理作了详细的技术分析，并收集、介绍了各地域多种传统服装原型的制图方法，作为教学参考，使学生更加全面地了解不同人种、人体形态变化与原型结构设计的关系。

全书注重原理的阐述及方法的运用，文字简明，并配有大量图示，操作性较强。本书适用于高等院校、职业技术院校、技能培训学校的服装专业学生使用或参考，也可供服装CAD爱好者自学使用。

图书在版编目（CIP）数据

服装 CAD 板型制作与放码 / 国新杰主编 .-- 北京：中国纺织出版社，2018.11

"十三五"中等职业教育部委级规划教材

ISBN 978-7-5180-5335-3

Ⅰ.①服… Ⅱ.①国… Ⅲ.①服装设计—计算机辅助设计—AutoCAD 软件—中等专业学校—教材 Ⅳ.① TS941.26

中国版本图书馆 CIP 数据核字（2018）第 193101 号

策划编辑：宗 静　　责任编辑：亢莹莹
责任校对：寇晨晨　　责任印制：何 建

中国纺织出版社出版发行

地址：北京市朝阳区百子湾东里A407号楼　邮政编码：100124

销售电话：010—67004422　传真：010—87155801

http：//www.c-textilep.com

E-mail：faxing@c-textilep.com

中国纺织出版社天猫旗舰店

官方微博 http：//weibo.com/2119887771

北京玺诚印务有限公司印刷　各地新华书店经销

2018年11月第1版第1次印刷

开本：787×1092　1/16　印张：13.5

字数：233千字　定价：49.80元

前言

　　传统的服装行业从服装设计到批量生产，长期停留在手工和经验的基础上，优秀的服装设计师和制板师也免不了要把大量的精力耗费在琐碎的手工技艺上，这无形中大大地约束了创造力的发展。

　　服装计算机辅助设计系统（服装CAD系统）是利用计算机图形技术在计算机上设计服装款式和结构。一般有创作设计（款式、色彩、服饰配件等）、出样、放码、排料等工序。它的出现不但大大提高了服装设计与制作的效率和质量，更是实现了服装技术与艺术的最佳结合。

　　本教材着重从CAD板型设计、制作与放码来帮助学生们了解掌握电脑打板与放码技术。编写者们通过讲座、研讨、企业参观、调研等方式，共同研究并形成了一套适合中职服装专业学生学习、就业需求的教材。教材在内容、编排形式上均有较大的创新，全书图文并茂，内容浅显易懂，突出基础知识、基本技能训练，注重理实一体化教学。学生通过本教材的学习，可以达到服装制作中等技术的水平。

　　本教材的第一单元、第二单元由山东省潍坊工商职业技术学院的林凤秒老师编写，第三单元、第四单元由重庆市工贸高级技工学校刘春燕老师编写，第五单元、第六单元由山东省莱西职业教育中心学校的国新杰老师编写，第七单元、第八单元由江苏省张家港市职业教育中心学校的方琴老师编写。

　　由于我们的技术水平和编写水平有限，加之时间仓促，书中难免有疏漏和欠妥之处，敬请服装界的专家、院校的师生和广大读者予于批评指正，提出宝贵意见，使之不断完善和提高。

编者

2018年7月

目录

第一单元　服装CAD概论

学习任务

服装CAD作为现代化高科技设计、生产的工具，以其人性化的操作和快速的反应能力，已逐渐成为现代服装企业必备的生产设备和技术资源。

本项目以富怡集团开发的服装CAD系统为代表，学习与之相关的知识。

总体目标

1. 了解服装工业纸样在服装工业生产中的重要作用。

2. 掌握服装工业纸样的概念；熟记服装工业纸样的分类。

3. 初步了解服装CAD的相关知识。

4. 掌握服装CAD的放码方法。

重点提示

任务一　服装工业纸样的产生、概念、作用、类别

任务二　服装CAD放码方法概述

服饰文化从远古时期的萌芽到现代日新月异工业化的发展，无论是在西方，还是在中国，都是其悠久历史的重要组成部分，为人类发展和社会进步做出了重要的贡献。

在我国服装工业日益发展的今天，服装CAD（Computer Aided Design）技术对我国的服装工业发展无疑起到了推波助澜的作用。服装CAD即计算机辅助服装设计技术，是利用计算机的软、硬件技术对服装新产品、服装工艺过程，按照服装设计的基本要求，进行输入、设计及输出等的一项专门技术，是一项综合性的，集计算机图形学、数据库、网络通信等计算机及其他领域知识于一体的高新技术，用以实现产品技术开发和工程设计。它被人们称为艺术和计算机科学交叉的边缘学科，是以尖端科学为基础的不同于以往任何一门艺术的全新的艺术流派。准确来说，它是把设计师的灵感结合人的立体结构学和活动功能学转化成便于操作的平面纸样。为了更快、更准确地把设计灵感转化到成衣上，缩短生产时间，提高成衣生产效率，那么在结构设计上，必须做便于缝制工艺操作的不同纸样技术处理。

服装工业化生产的成衣面对的是众多的消费者，而每人的体型又不尽相同，有高有矮，有胖有瘦，因此同一款式的服装需要不同的规格才能满足不同体型的消费者，所以，对成衣化工业生产来说，需要同一款式规格不同的系列样板。如果各种规格都通过制板的方式来实现的话，会造成服装结构的不一致，另外效率也不高，所以企业在制作系列样板时都采用推档技术，也是服装专业人员必须掌握的技术。

任务一　服装工业纸样的产生、概念、作用、类别

【任务导入】

某服装企业新录取一批服装员工，需要进行服装知识笔试，其中一题为归纳总结服装工业纸样的概念、作用和类别。

【任务分析】

纸样也称样板，是现代服装工业的专用术语，含有样板、标准、模板等意思，根据其在生产中所起的作用，大致可分为基本纸样和工业纸样两大类。本书主要讲述服装工业纸样的相关知识。

【任务准备】

通过以往专业的学习，学生有一定的结构制图能力和审美能力。

【任务实施】

一、服装工业纸样的产生及概念

早在19世纪初叶，服装纸样在法国、英国、美国相继诞生，但并没有得到广泛应用，直到第一台缝纫机在美国诞生以后，西方的服装工业生产伴随着服装机械的进步从此进入了划时代的时期，比我国的服装工业生产提前近百年。

在20世纪80年代之前，我国的服装加工模式大部分是家庭手工作坊式，即以家庭为中心，对客户的服装进行单量、单裁、单做，这样的加工方式远远不能满足广大消费者的需求。自20世纪80年代至今，随着我国社会与经济的发展，人们的生活变得越来越富裕，对服饰的要求也越来越高，服饰流行的周期也变得越来越短，人们需求的不断扩大，进一步促进了我国服装工业的发展，服装加工企业不断设计改进生产设备，或引进国外先进设备与技术，服装CAD技术应运而生。由于生产量大，周期短，服装企业的工种开始由单一逐渐地向多元化发展，且细分化、工艺繁多、分散、每一道工艺操作员的技术水平高低不一。如图1-1所示，在保质保量、提高生产效率的情况下，制成第一件成衣前，裁剪、缝制、整烫都要有代表不同部位的"参照模板"，这就要求制板人员把所有的工艺尽量地利用文字符号在模板上表示出来，工艺操作员严格地按照"模板"操作才不会出错。这里的"模板"即工业纸样。准确地说，服装工业纸样，它是由制板师把设计师的灵感结合人的立体结构学、功能学和美学转化成工业生产平面模板，快速、准确地辅助工艺操作员制成成衣，以适应工厂批量的生产。

二、服装工业纸样的作用

服装工厂能否快速、准确、高效地完成生产任务，对服装工业纸样的要求是否完整、精

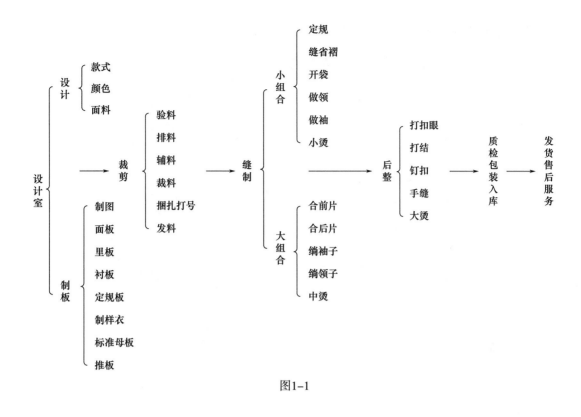

图1-1

确，在生产中有着其他环节不可替代的重要作用，主要作用有以下六点。

（1）它可直观地反映设计师的设计效果。

（2）可以防止铺料、裁剪时易出现的错误。

（3）适合多种排板方式，每排一次板，可裁大量的服装裁片，并节省时间及用料。

（4）纸样在保存好的情况下可重复使用，节省重复制板的时间和成本。

（5）在缝制与整烫过程中它可起到服装各部位的定位，不致变形。

（6）它可被参照且稍加改动，可迅速成为其他新款式的工业纸样。

总之，服装工业纸样在整个服装设计到工业生产的过程中起着承上启下、保存设计思想的作用，可不断重复使用，提高生产效率，缩短生产周期，是设计到成衣的重要环节。

三、服装工业纸样的分类

根据服装工业纸样在生产中所起的作用，大致可分为两类。第一类是基本纸样，它以人体为研究对象，根据标准人体部位为尺寸、形状及解剖关系融合各类衣服的共同特点，利用科学系统的比例公式而制成的一种基本型，作为派生各类衣服的基本型纸样，在日本及其他一些国家将其称为原型（男装原型、女装原型、童装原型）。第二类是工业纸样，它大致可分为制图纸样、净样板、面料样板、里料样板、衬布样板、定位样板、推板纸样（放码）七种类型。以下均是以女性净胸围84cm为标准制图。

1. 制图纸样

制图纸样是工业纸样中的第一个纸样，是人的立体到平面的数字制图，制图一般选用80g

的牛皮纸、普通白纸、工程绘图纸，如图1-2所示。

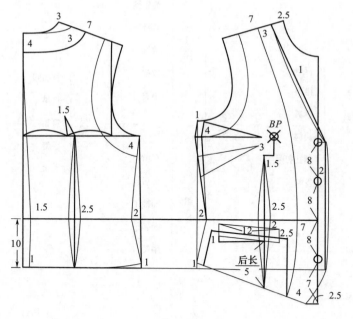

图1-2

2. 净样板

净样板是通过分开复制制图纸样，没有加缝份的纸样，是制面板的基础纸样，纸张一般选用30~250g的牛皮纸、牛板纸等，如图1-3所示。

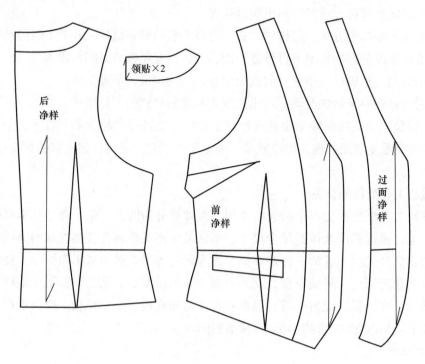

图1-3

3. 面料样板

面料样板一般是加有缝份或折边等的毛缝纸样，是裁剪用样板。纸张一般选30~250g的牛皮纸、牛板纸等。这些纸样要求结构准确，纸样信息正确清晰，如布纹方向、倒顺毛方向等，如图1-4所示。

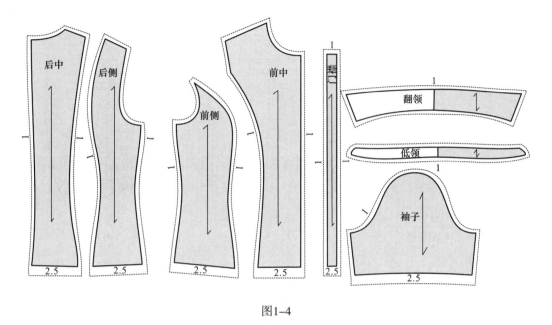

图1-4

4. 里料样板

里料样板很少有分割的，一般有前片、后片、袖子和片数不多的小部件，如里袋布等。根据需要里料的缝份比面料纸样的缝份大0.5~1.5cm，在有折边的部位（下摆和袖口等），里料的长度比衣身纸样少一个折边宽。因此，就某片里料样板而言，多数部位边是毛缝，少数部位边是净板（图1-5）。

5. 衬布样板

衬布分有纺或无纺、可缝或可粘等材料。应根据不同的面料、不同的使用部位、不同的作用效果而有选择地使用衬布。衬布纸样有时使用毛缝，有时使用净缝（图1-6）。

6. 定位样板

定位样板是为了保证某些重要位置的对称性、一致性及准确性而采用的用于定位的样板。主要用于不宜钻眼定位的衣料或某些高档产品。定位纸样一般取自于面料样板上的某一局部。对于半成品的定位往往采用毛样样板，如袋位的定位等。对于成品中的定位则往往采用净样样板，如扣眼的定位等。定位样板一般由卡纸或黄板纸制作。

7. 放码（推板）纸样

放码是以同一款式中某个中间标准号的服装样板作为基准样，根据一定的规则对其进行放大或缩小，从而派生出不同型号的服装裁片。进行推档放码，不论采用何种方法制图推板，全套号型规格系列样板都必须具备：款型相似、线条平行、全套样板从小号到大号各相同的结构部位必须保持等差或等距（图1-7）。

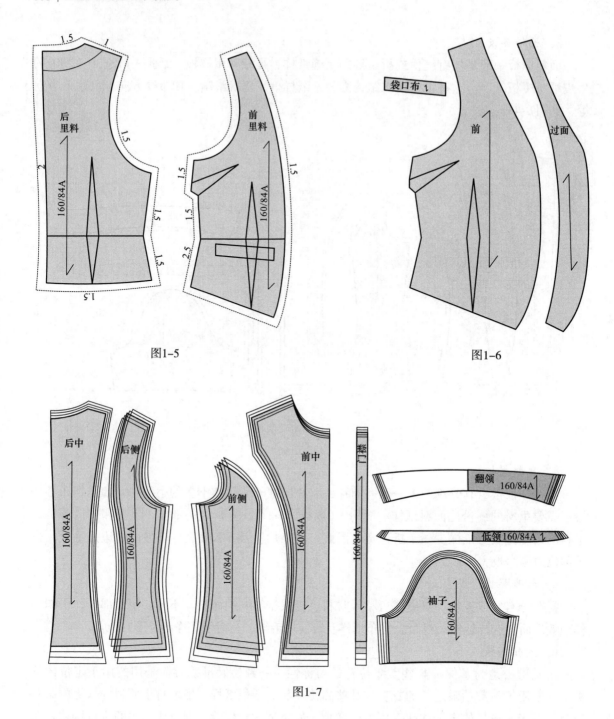

图1-5

图1-6

图1-7

【任务小结】

本任务从学生实际出发，合理安排学习任务，通过"任务实施"学习常用服装工业纸样的相关知识，使学生了解服装工业纸样的产生、概念、作用及分类。

【任务评价】

任务评价见表1-1。

表1-1

内容	评分项目	评分点	扣分说明（扣完为止）	分值
服装工业纸样的产生、概念、作用、类别	服装工业纸样的产生、概念、作用及分类	1. 了解服装工业纸样的产生、概念（30分） 2. 掌握服装工业纸样的作用（30分） 3. 熟记服装工业纸样的分类（40分）	1. 通过查阅资料，熟练掌握服装工业纸样的产生、概念，理解错误每处5分 2. 服装工业纸样的作用和分类。理解错误每处5分 3. 服装工业纸样的分类。理解错误每处5分	100分

思考与练习
综合实训
（1）服装工业纸样的概念是什么？
（2）服装工业纸样的分类包括哪些。

任务二　服装CAD放码方法概述

【任务导入】

某服装企业招录一批服装设计师助理。需要进行服装专业知识与技能展示，其中一项为服装CAD放码的操作。

【任务分析】

服装CAD放码方法包括很多种，根据不同的纸样需要选择不同的放码方法，不但能够提高工作效率，而且能够避免服装工业纸样发生变形。

【任务准备】

安装有富怡服装CAD软件的电脑一台。

放码系统是服装CAD系统中最早研制成功、应用最为广泛、技术最为成熟、普及率最高的功能之一。因此，各负责CAD系统都潜心研究，开发了多种纸样放缩方法。

【任务实施】

一、服装CAD放码方法概述

在服装CAD系统中，用计算机模拟人工的放码方法，用直线、曲线、点等图形元素和一定的技术手段，使放码过程快速、准确、灵活；借助数据库技术，使历史资料的整理和再现易如反掌，从而避免了大量的重复性劳动，较好地适应了现代服装的小批量、多品种的发展趋势。

二、常用服装CAD放码方法介绍

常用的服装CAD放码方法有平行交点、辅助线平行放码、辅助线放码、肩斜线放码、各码对齐、圆弧放码、拷贝点放码、点随线段放码、定型放码、等幅高放码、平行放码、点放码等。按照规格档差进行纸样放缩需要以实践经验为基础,并且根据需要选择相应的放码方法。

1. 【平行交点】工具

该工具应用于纸样边线的放码,用该工具可以使相交的两边分别平行,常用于西服领口的放码。如图1-8所示,西服领的点*A*和点*C*两点已放码,那么点*B*我们可以使用平行交点工具快速放码。

操作方法:选择【平行交点】工具,单击点*B*就完成了西服领口的放码。

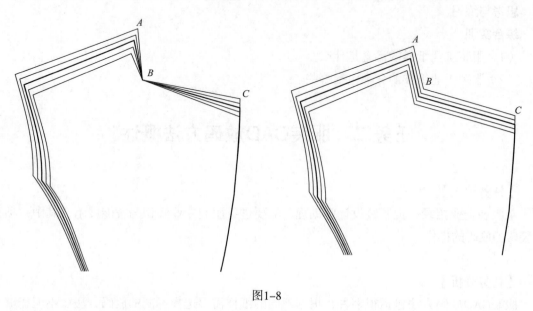

图1-8

2. 【辅助线平行放码】工具

该工具主要针对纸样内部线放码,用该工具可以使内部线各码间会平行且与边线相交。下面分三种情况介绍。

第一种情况:放码后的辅助线*AB*两点各码间不平行,如图1-9所示。

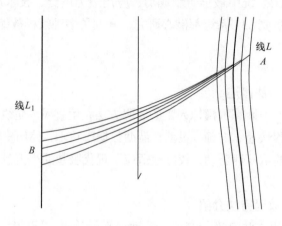

图1-9

操作方法：选中【辅助线平行放码】工具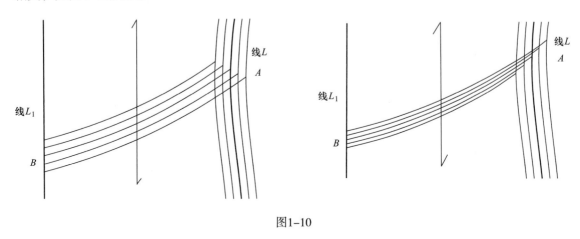，单击或框选靠近需要发生移动点 A 的辅助线 AB，选中后再单击靠近点 A 的边线 L 即可。如果想要点 B 发生移动，就在靠近点 B 的位置单击或框选辅助线 BA，然后单击靠近点 B 的边线 L₁ 即可达到各码间的辅助线平行放码且与边线相交，如图1–10所示。

图1–10

第二种情况：如图1–11所示，放码后的辅助线 CD 两点各码间不平行且与边线 L₁ 不相交。

操作方法：选中【辅助线平行放码】工具，单击或框选辅助线 CD，选中后再单击边线 L₁，各码间的辅助线平行放码且与边线相交，如图1–12所示。

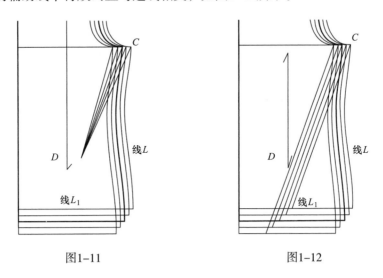

图1–11   图1–12

第三种情况：如图1–13所示，纸样内部多条辅助线同时放码。

操作方法：选中【辅助线平行放码】工具，首先框选辅助线 AB、CD 和 EF，选中后再单击边线 L₂，各码间的辅助线会平行放码且与边线相交，如图1–14所示。

3. 【辅助线放码】工具

使用该工具可使相交在纸样边线上的辅助线端点按照到边线指定点的长度来放码。

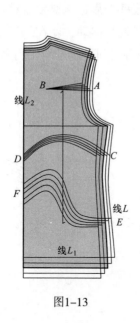

图1-13

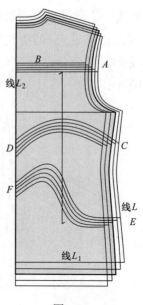

图1-14

操作方法：选中【辅助线放码】工具 ，在点G上双击左键，弹出对话框，选择【距离某边线点距离】的定位方式，也可以单击更改定位点按钮，光标变成 *，单击点H或者是点I，如图1-15左是单击点H，单击【应用】按钮即可。也可勾选档差，再单击【均码】按钮，单击【应用】按钮后即可放码。

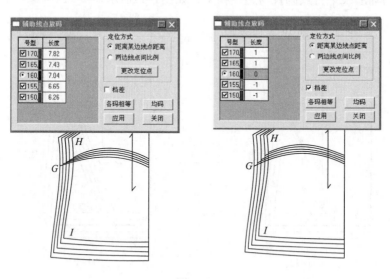

图1-15

4.【肩斜线放码】工具

使用该工具能够使各码不平行肩斜线平行。下面分两种情况介绍。

第一种情况：肩点未放码，如图1-16所示。

操作方法：选中【肩斜线放码】工具 ，单击后中线KM作为参考线，再单击肩点J，弹出肩斜线放码对话框，选择【与前放码点平行】选项，单击确定即可。也可以勾选档差，输入档差1cm，单击【均码】后再单击【确定】，这样肩斜线就平行了。

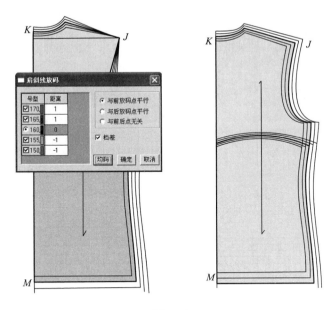

图1-16

第二种情况：肩点已放码，但是各码肩斜线不平行。

操作方法：选中【肩斜线放码】工具 ，单击布纹线作为参考线，再单击肩点B，弹出肩斜线放码对话框，选择【与前放码点平行】的选项，单击【确定】完成肩斜线平行操作，如图1-17所示。

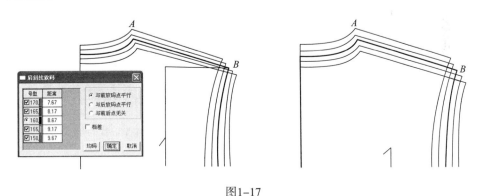

图1-17

5. 【各码对齐】工具

该工具主要是将各码放码量按某个点或者某条线对齐或恢复原状，主要用来检查同一样板各片放码量。

操作方法：选中【各码对齐】工具 ，在纸样上的一个点单击。如点K，放码量就会以该点按水平、垂直方向对齐。同样如果选中一段线，放码量则以线的两端连线对齐。如果想恢复原状，用该工具在纸样上单击右键即可，如图1-18所示。

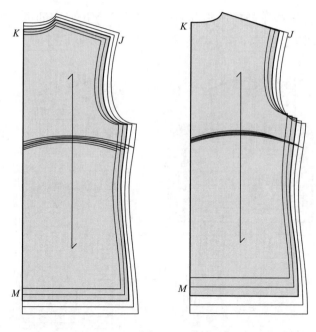

图1-18

6.【圆弧放码】工具

使用该工具可对圆弧的角度、半径、弧长进行放码。

操作方法：选中【圆弧放码】工具，单击圆弧边线，弹出圆弧放码对话框，显示的是实际尺寸，也可勾选【档差】，输入适当的数值，单击【应用】即可。亮星点A表示放码不动点，切换端点是指每单击一次，亮星点就切换到弧线的另一端点，如图1-19所示。

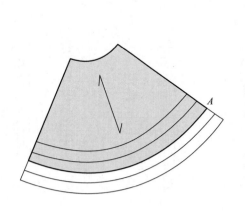

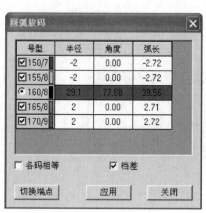

号型	半径	角度	弧长
☑150/7	-2	0.00	-2.72
☑155/8	-2	0.00	-2.72
○160/8	29.1	77.88	39.56
☑165/8	2	0.00	2.71
☑170/9	2	0.00	2.72

图1-19

7.【拷贝点放码量】工具

使用该工具能够拷贝相同放码量，操作简单实用。

操作方法：选中【拷贝点放码量】工具，单击或框选已放码的点A，再在未放码的点a上单击或框选，即可完成点a的放码，如图1-20所示。

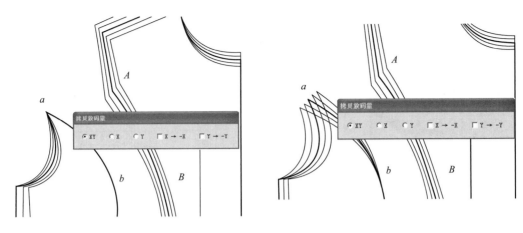

图1-20

8.【点随线段放码】工具

该工具是根据两点的放码比例对指定点放码。下面以衬衫贴袋的放码为例讲述。

操作方法：选中【点随线段放码】工具，如果是按照衣长线放码的话，先选择衣长线，再单击或框选衣片内部辅助线，完成按照衣长线也就是垂直方向的放码，如图1-21所示。

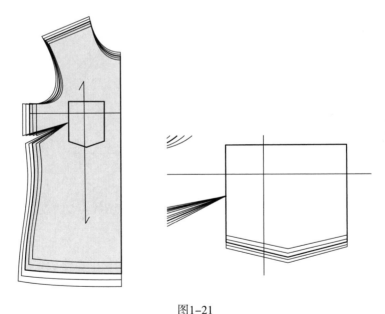

图1-21

第二种情况如果是按照胸围线放码的话，先选择胸围线，然后单击或框选衣片内部辅助线，完成按照胸围线的放码，如图1-22所示。

9.【定型放码】工具

该工具可以解决很多传统CAD放码后纸样变形的问题，能够让其他码的曲线弯曲程度和基码保持一致。

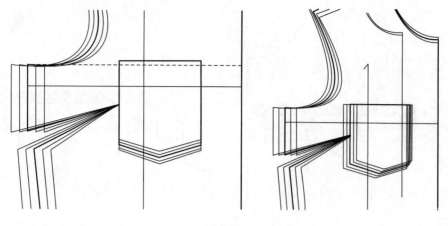

图1-22

操作方法：选中【纸样控制点】工具🗔，单击起点A和终点B，然后单击【定型放码】工具🔽即可完成裤子前后裆的修正放码，如图1-23所示。

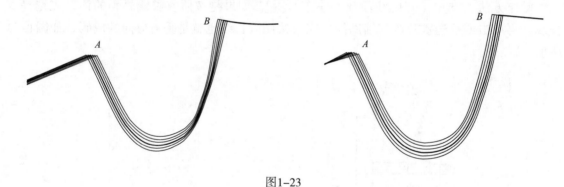

图1-23

10. 【等幅高放码】工具🔽

该工具是两个放码点之间的曲线按照等高的方式放码。

操作方法：选中【纸样控制点】工具🗔，选中纸样的点R和点Q两点，然后单击【等幅高放码】工具🔽即可完成纸样的曲线修正放码，如图1-24所示。

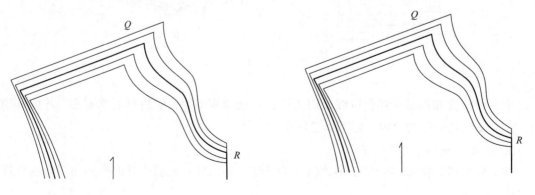

图1-24

11. 【点放码】工具

该工具是利用CAD制作完成的中间码纸样轮廓线上的一些关键点（放码点）进行放码。为了推放出同一款式不同号型的服装工业样板，首先确定样板上某一基点为坐标原点，以此为原点建立横纵坐标轴线，进行不同规格衣片各个控制点的计算，并且绘制出所需规格衣片样板的方式。

操作技巧：如图1-25所示，确定女衬衫纸样上点O为坐标原点，以此原点建立横坐标轴线FO和纵坐标轴线CO。单击【点放码】工具图图标，弹出点放码表，用【纸样控制点】工具图在纸样上某一点单击或框选，激活dX、dY栏，可以在除基码外的任何一个码中输入放码量，再单击X相等、Y相等或XY相等等放码按钮，即可完成该点的放码，依次类推即可。

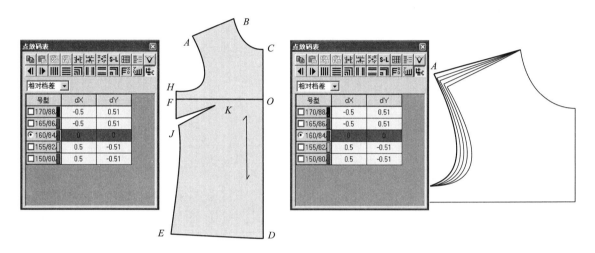

图1-25

【任务小结】

本任务从学生实际出发，合理安排学习任务，通过"任务实施"从学习常用服装CAD放码方法入手，使学生了解多种工具的使用方法；能够在CAD制图中灵活运用，提高工作效率。

【任务评价】

任务评价评分见表1-2。

表1-2

内容	评分项目	评分点	扣分说明（扣完为止）	分值
CAD放码方法应用	根据样板正确选用放码方法	1. 根据纸样熟练运用各种工具正确、合理的放码，体现电脑纸样放码过程（55分） 2. 放码后的线条流畅、规范（45分）	1. 熟练掌握以上介绍的11种放码工具的使用方法，每种方法使用不正确处扣5分 2. 使用任何一种放码方法后的线条不流畅、不准确每处扣2分 3. 使用放码方法不规范时，每处扣2分	100分

思考与练习

综合实训

1. 服装工业纸样的概念是什么?

2. 服装工业纸样包括哪些分类?

第二单元　裙装板型制作与放码

用服装CAD软件按照所给定的款式和数据进行西服裙制图，并保存结果。本单元为服装样板设计制作工艺技能考核中，服装CAD部分的考核要求之一。

学习任务

古今中外，裙装一直倍受人们的青睐。无论是从裙装自身的结构特点，还是它的穿着场合来看，裙装的款式千变万化，种类也是丰富多彩。各种裙装的制作与生产是服装企业常见的业务，各类裙装样板制作与推档是整个裙装生产工序过程中最重要的技术环节之一。

通过对典型合体西服裙的工业样板具体制作过程的分析与讲解，要求学生了解裙装的结构特征，准确绘制其结构分解图，再对结构分解图进行放缝、推档，最终形成符合企业裙装生产所需的成套工业样板。

本项目以女式西服裙为代表，学习与之相关的知识。

总体目标

1. 了解新工具的使用方法，掌握西服裙结构制板的一般规律。

2. 熟练使用 CAD 绘制西服裙前后裙片、腰头并掌握其放缝方法。

3. 掌握西服裙前后裙片、腰头放码方法。

4. 能够使用 CAD 对西服裙前后裙片、腰头样片排料制作。

重点提示

任务一　使用 CAD 设置前后裙片省时，准确把握各部位的尺寸。

任务二　使用 CAD 放缝时，注意缝边的形状和剪口部位的设置。

任务三　使用 CAD 放码时，正确处理后片开衩与后裙片的对应关系。

任务四　使用 CAD 排料时，掌握排料的套数设定，排料方式的选择。

任务一　裙装CAD板型制作

【任务导入】

某服装企业新取得某公司订单，要求生产适合春秋季节在办公室或者其他行业上班时穿着的女式西服裙，色彩素雅、面料考究、裁剪合体。

【任务分析】

适合办公室或者上班穿着的西服裙，款式上要求既时尚又不失典雅、大方，裁剪上要求合体、精细，同时要适应现代化生产的需要，工艺简洁，外形美观，适身合体。

【任务实施】

一、款式说明

如图2-1所示，此款为装腰西服裙，前后腰各设两个省，裙摆向内略收，后中设分割线，上端装隐形拉链，下端开衩，采用右后片压左后片的形式。

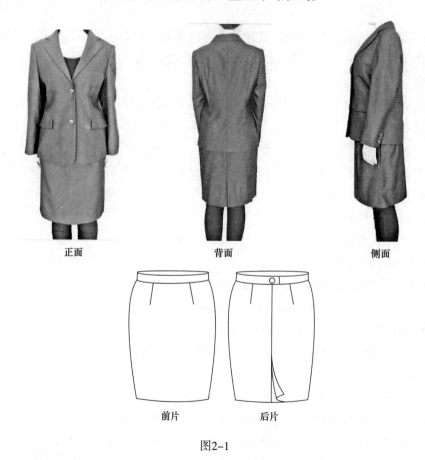

正面   背面   侧面

前片   后片

图2-1

二、结构制图规格表（表2-1）

表2-1　西服裙成品规格尺寸　　　　　　　　　　　　　　（单位：cm）

部位	155/66A	160/68A	165/70A	档差
裙长	58	60	62	2
腰围	68	70	72	2
臀围	92	94	96	2
臀高	16.5	17	17.5	0.5
摆围	84	86	88	2
腰宽	3	3	3	

三、前后片板型制作

✿ 提示

如图2-2所示，是此款式所有的样板，不可缺少。可根据企业的生产习惯自行调整。

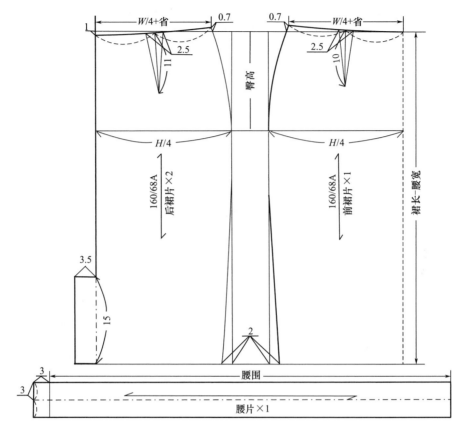

图2-2

（1）菜单中单击【号型】→【号型编辑】，在设置号型规格表中输入尺寸，如图2-3所示。

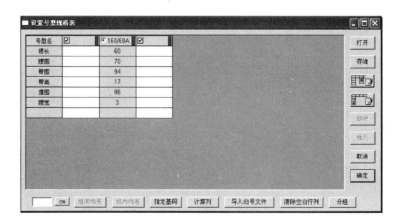

图2-3

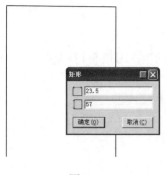

图2-4

（2）选择【智能笔】工具，快捷键【F】，在空白处拖拉出宽为23.5cm（臀围/4）、长为57cm（裙长-腰宽3cm）的长方形，如图2-4所示。

操作：左键单击下图中圆圈标记处，出现计算器对话框，在计算器对话框中设定长和宽，如图2-5所示。

（3）用【智能笔】工具在非中点位置向下拖拽到任意位置点单击，弹出平行线对话框，画出臀围线，距上平线18cm，如图2-6所示。继续用【智能笔】工具画线L_1，距上平线为0.7cm，如图2-7所示。

（4）选择【圆规】工具，快捷键【C】，先单击点A，再在L_1线上非边缘位置单击，弹出单圆规对话框，再单击计算器；输入腰围/4+2.5，点击【OK】即可，如图2-7所示。

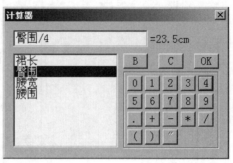

图2-5

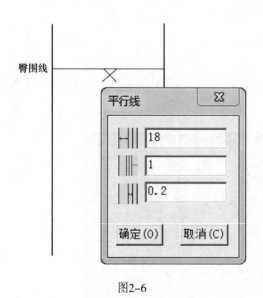

图2-6

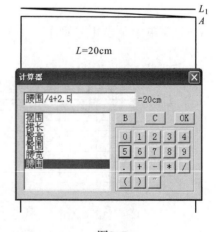

图2-7

（5）用【智能笔】工具，作后侧弧线，下侧移动量为2cm，右键确认；用【调整】工具调整好各部位弧线，如图2-8所示。

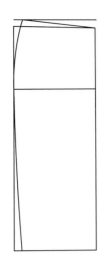

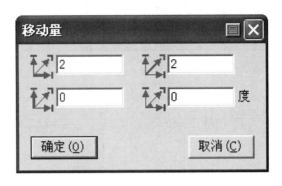

图2-8

（6）选择【等份规】工具，快捷键【D】，将腰围线两等分；用【角度线】工具做省中线，快捷键【L】，单击腰围线，按【Shift】键后再单击中点，可切换两条相互垂直的参考线；拉出垂线，弹出【角度线】对话框，角度输入90.00，长度输入11，单击【确定】命令，如图2-9所示。

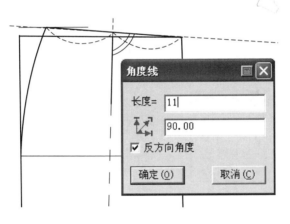

图2-9

（7）选择【等份规】工具，用【Shift】键切换成，单击省端点，在线上加两等距光标双向等长2.5cm确定省宽；再选用【智能笔】工具连接省宽与省尖端点，右键确认，如图2-10所示。

（8）用【移动】工具，快捷键【G】，按【Shift】键可复制前片来制作后片。鼠标光标划框选择全部，变成红色，右键确认，选择第一点，向右移动，按回车，弹出【偏移】对话框，横向输入30，纵向输入0，如图2-11所示。

（9）用【橡皮擦】工具，快捷键【E】，按住左键清除腰围线和省，选择智能笔在后中线按回车，弹出【偏移】对话框，输入后中低落数值，同时与侧缝相连接，如图2-12所示。后片腰省制图参考前片即可。

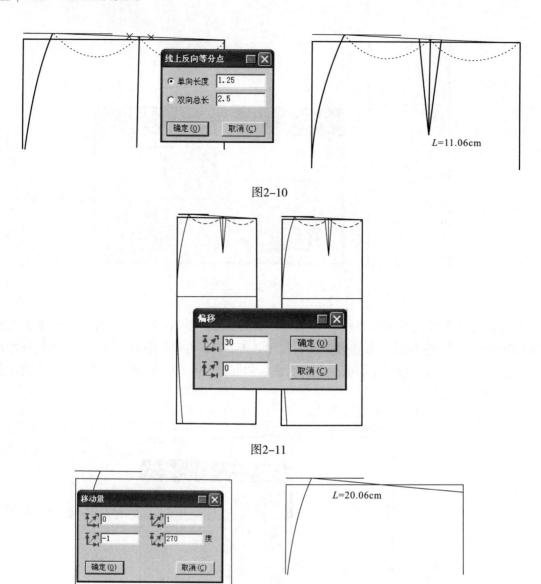

图2-10

图2-11

图2-12

（10）用【智能笔】工具作后开衩宽3.5cm，左键拖拉取后开衩长度15cm，如图2-13所示。

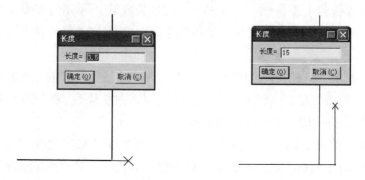

图2-13

（11）继续使用【智能笔】工具，按住左键框选以下红色的两条线，在符号处单击右键，进行剪断，如图2-14所示。

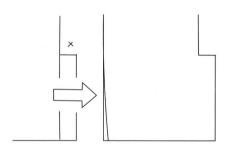

✒ **提示**

前后片侧缝弧线要做到光滑圆顺，弧线长度相等，缝制出来的衣服造型也美观大方。

图2-14

四、腰头样板制作

（1）使用【矩形】工具，在裙片下方作腰头，长为73cm（腰围+叠门量3cm），宽为6cm（腰宽×2），如图2-15所示（按住空格键，转动鼠标滚轮，可放大、缩小窗口）。

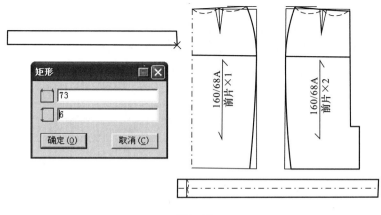

图2-15

【任务小结】

本任务从学生实际出发，合理安排学习任务，通过"任务实施"学习前后片结构制图，使学生了解多种工具的使用方法；板型设计制作线条流畅、尺寸符合标准；制图符号标注规范；前后片对合部位检查调整。

【任务评价】

任务评价见表2-2。

表2-2

内容	评分项目	评分点	扣分说明（扣完为止）	分值
裙装CAD板型制作	样板结构	1. 根据服装款式图的要求熟练运用各种工具正确、合理的绘制样板，体现电脑纸样设计过程（35分） 2. 线条流畅、规范（30分） 3. 制图符号、对位标记标注正确、清晰，无遗漏（20分）	1. 裙子前、后片、腰头结构制图不准确每处扣3分 2. 前、后裙片、腰头线条不流畅、轮廓线不准确每处扣3分 3. 前、后裙片、腰头制图符号不正确，有遗漏等每处扣2分 4. 样片遗漏、丢失扣10分 5. 样板包括净样板、零部件，缺其中一种板扣3分	100分

内容	评分项目	评分点	扣分说明（扣完为止）	分值
裙装CAD板型制作	样板规格	1. 成品规格尺寸与样衣相符（12分） 2. 成品规格不超过行业标准的允许公差（3分）	1. 前、后裙片、腰头规格尺寸与服装号型以及设计稿的效果不符每处扣3分 2. 成品规格超过了行业标准允许的公差扣3分	100分

思考与练习

综合实训

1. 前、后裙片板型制作。

2. 腰头的板型制作。

习题

1. 若西服裙前后片腰头上共设4个省，如何绘制？

2. 应用服装CAD软件的打板系统，按照表2-3中的规格和图2-16所示结构图，参照本书中的制图步骤，完成褶裥西服裙的CAD制图，号型为160/68A。

表2-3 （单位：cm）

部位	裙长	腰围	臀围	臀高	腰宽	摆围
规格	60	70	94	17	3	88

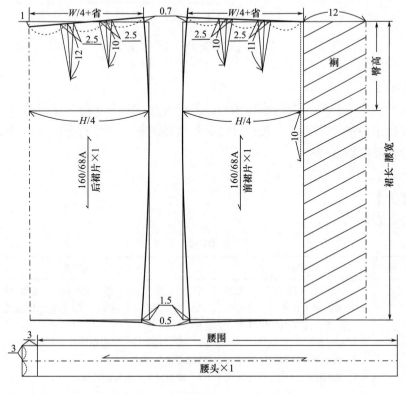

图2-16

任务二　裙装CAD板型放缝

【任务导入】

前面我们已经完成了订单基础样板的制作。下面的工作任务是对基础样板进行加放缝份；确定丝缕方向；打剪口；确定扣眼和纽扣位置。

【任务分析】

根据订单款式资料，确定本款式有无夹里，有夹里底边放缝3～4cm，无夹里底边放缝2～3cm。缝制后裁片不可变形，尺寸不可改变。剪口位置要符合企业的生产习惯。

【任务准备】

仔细检查各部位线条是否闭合，考虑哪些结构线、剪口要在缝制样板中出现，剪口的形状以及位置确定。

【任务实施】

一、裙片放缝

（1）拾取样片：用【剪刀】工具✂，拾取样片如图2-17所示，设置好款式资料如图2-18所示，纸样资料如图2-19所示，为放码做好准备。

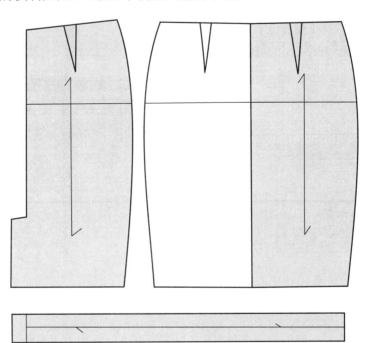

图2-17

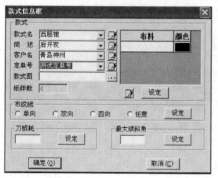

图2-18

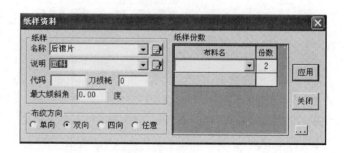

图2-19

✎ **提示**

使用【剪刀】工具从结构线或辅助线上拾取纸样，操作方法有以下两种：

A．单击或框选围成纸样的线，最后单击右键确认，系统按最大区域形成纸样。

B．按住【Shift】键，单击形成纸样的区域，则有颜色填充，可连续单击多个区域，最后右击确认。

右键确认后，【剪刀】工具即变成【衣片辅助线】工具⁺，从结构线上为纸样拾取内部线，按空格键移图，如图2-20所示。

（2）加缝份：选择【加缝份】工具▢，单击腰头左上角点，弹出衣片缝份对话框，如图2-21~图2-23所示。

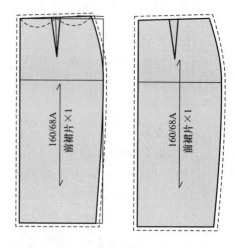

图2-20

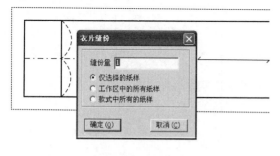

图2-21

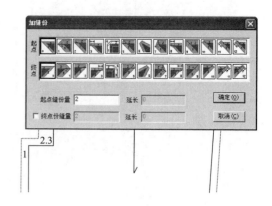

图2-22

（3）绘制另一半：选择【纸样对称】工具▢，按住【Shift】键，单击前片前中线，对称操作；使用右键单击，弹出快捷菜单▢，选择【移动纸样】工具▢；从后片中移出，如图2-24所示。

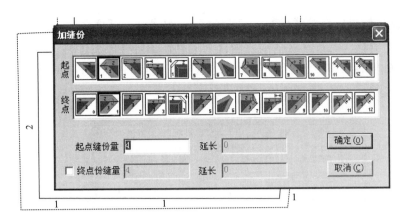

图2-23

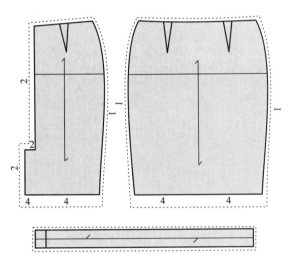

图2-24

（4）打剪口：使用【剪口】工具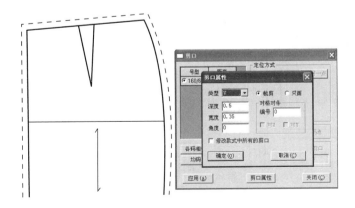，在相应部位打好剪口。剪口分为多种，Ⅰ、U、T形等可根据需要选用，如图2-25所示。

图2-25

（5）布纹线信息：布纹线信息包括号型名、款式名、纸样名、客户名、订单名、布料类型、缩水率等信息，设置好这些信息为查询、制作工艺样板、排料、放码、写工艺单、裁床等提供了基础样板信息。设置好布纹信息是工业化生产关键的一步。布纹线上下方的文字，可根据需求灵活选用，如图2-26所示。

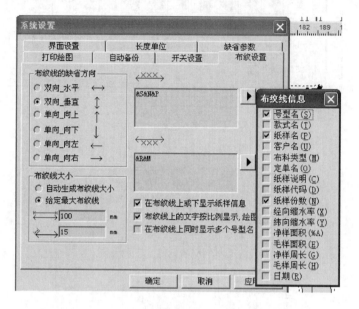

图2-26

（6）纸样资料：单击1区域，双击左键，弹出纸样资料对话框，如图填写，单击"应用"命令。

选择2区域，填写名称为后裙片，布料名为面布、份数为2份；单击"应用"命令。

选择3区域，填写名称为腰头，布料名为面布、份数为2份；单击"应用"命令；关闭对话框，如图2-27所示。

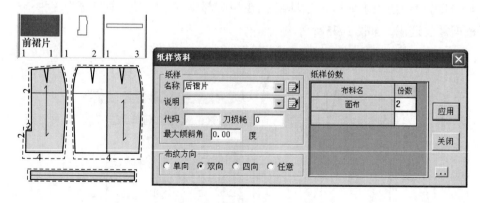

图2-27

二、里料放缝

如图2-23所示，实线为款式净样板，虚线为里料加放的缝份。

（1）裙里料前片采用对称处理，在净样基础上加放缝份1.2cm。

（2）后中在净样基础上加放缝份1.2cm，裙侧缝在净样基础上加放缝份1.2cm，如图2-28所示。

（3）裙里裁剪纸样的长度至前后片裙摆基础线，不包括折边宽度。

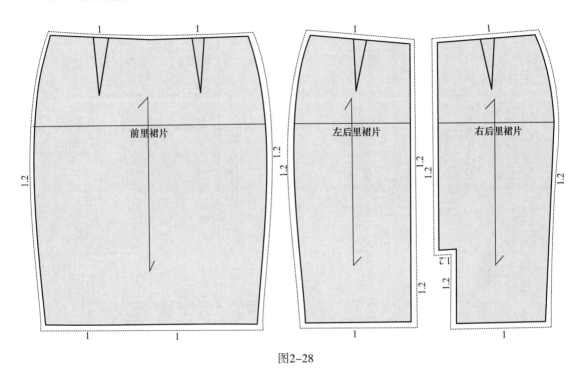

图2-28

✿ 提示

该西服裙后片开衩采用右后片压左后片的加工工艺，且两后片大小相同。由于裙子采用全里子的加工工艺，所以左、右后片裙里的纸样不相同。

技能拓展

衬料板型制作：

（1）后开衩按照阴影部分，比净样缩进0.2～0.5cm。

（2）后中拉链在后中线偏进1cm。

（3）腰头全部黏衬，比净样缩进0.2～0.5cm，如图2-29所示。

【任务小结】

本任务从实际生产出发，合理安排学习任务，通过"任务实施"从拾取样片入手，到加放缝份、布纹线信息、打剪口位置再到里料、衬料的样板制作，使学生全方位的了解面料样板、里料样板、衬料样板的制作。

【任务评价】

任务评价见表2-4。

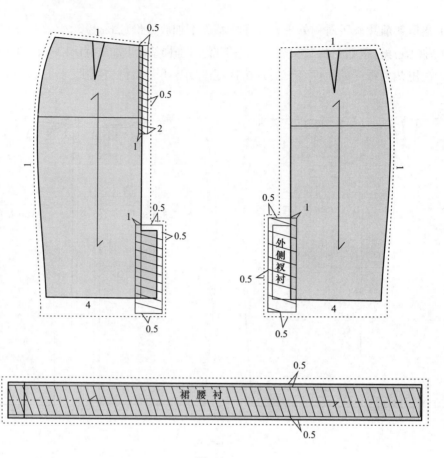

图2-29

表2-4

内容	评分项目	评分点	扣分说明（扣完为止）	分值
裙装 CAD板 型放缝	样板放缝	1. 放缝准确、均匀（5分） 2. 转角处理准确、圆顺（5分） 3. 衬料样板与面料样板搭配适宜，放缝准确、合理（5分）	1. 前、后片、腰头放缝不准确、不均匀每处扣5分 2. 后中开衩、底摆等部位处理不到位每处扣5分 3. 衬料与面料配伍不适每处扣5分	15分

思考与练习

综合实训

1. 前、后裙片加缝份、剪口位置。

2. 填写款式资料、纸样资料、设置布纹线信息。

3. 里料缝份。

4. 衬料缝份。

习题

1. 叙述前、后裙片加缝份工具、剪口工具操作要领。

2. 款式资料、纸样资料、布纹线的设置方法。

3. 应用服装CAD软件的打板系统，按照表2-5中的规格和图2-30所示的结构图，参照本书中的制图步骤，完成褶裥西服裙工业样板的CAD制图，号型为160/68A，如图2-30所示。

表2-5　　　　　　　　　　　　　　　　　　　　（单位：cm）

部位	裙长	腰围	臀围	臀高	腰宽	摆围
规格	60	70	94	17	3	88

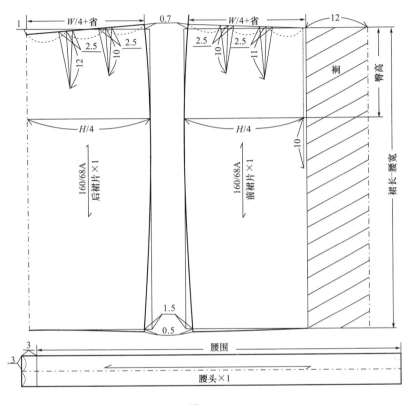

图2-30

任务三　裙装CAD放码

【任务导入】
我们已经完成了订单基础样板的制作。下面的工作任务是根据基础样板进行放码。

【任务分析】
样片放码，裙片结构不能有变化，特别注意尺寸、弧线形状外观。

【任务准备】
（1）检查基础样板的放码点，设置是否合理。各部位的档差要符合企业的生产习惯。

设置各部位档差数值，如图2-31所示。

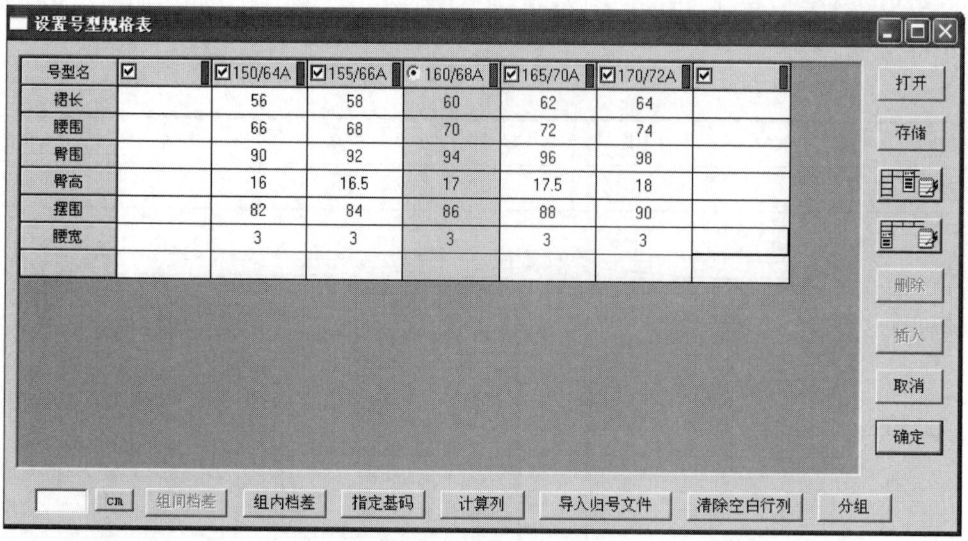

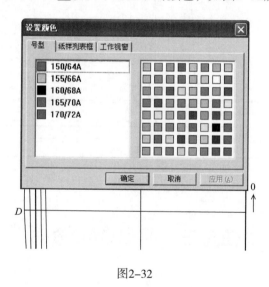

图2-31

（2）使用【颜色设置】工具■修改号型显示的颜色，如图2-32所示。

图2-32

【任务实施】

一、前片放码

基准线的确定：纵向的基准线为前中线，横向的基准线为臀高线。前片放码总图，如图2-33所示。

（1）点A：前中点，纵向为臀高档差数值，dY输入档差0.5；横向不缩放，如图2-34所示。

（2）点B：前腰围大点，纵向为臀高档差数值，dY输入档差0.5；横向为1/4腰围档差数值，dX输入档差0.5，如图2-34所示。

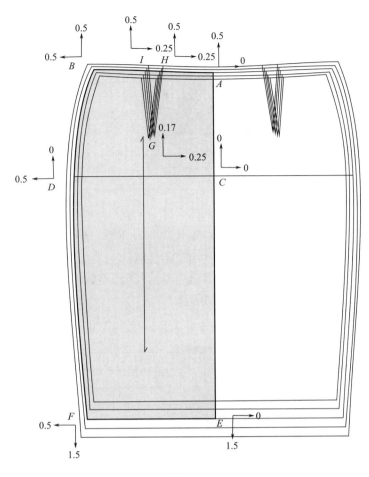

图2-33

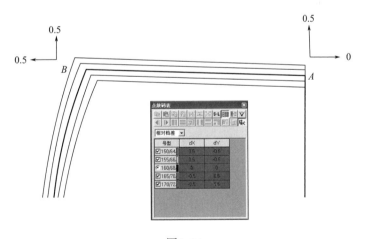

图2-34

（3）点C：前中线和臀围线的交点，是推档的基点，是不动的点，如图2-35所示。

（4）点D：臀高线和侧缝线的交点，臀高线是横向基准线，纵向不缩放；横向为1/4臀围档差数值，dX输入档差0.5，如图2-35所示。

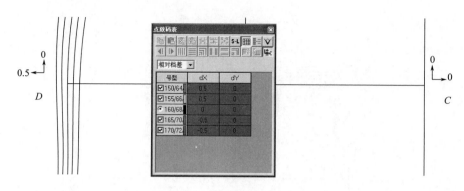

图2-35

（5）点E：裙前中线和底边线的交点，前中线是基准线，纵向为裙长档差-臀高档差数值，dY输入档差1.5；横向不缩放，如图2-36所示。

（6）点F：底边和侧缝交点，纵向为裙长档差-臀高档差数值，dY输入档差1.5；横向为摆围档差数值/4，dX输入档差0.5，如图2-36所示。

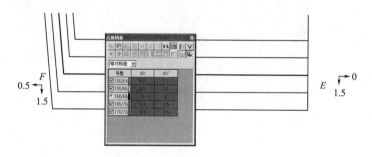

图2-36

（7）点H、点I：两点在腰线上，纵向为臀高档差数值，dY输入档差0.5；横向为1/4腰围档差/2，dX输入档差0.25，如图2-37所示。

（8）点G：省尖点，纵向为臀高档差数值/3，dY输入档差0.17；横向为（1/4腰围档差）/2，dX输入档差0.25，如图2-37所示。

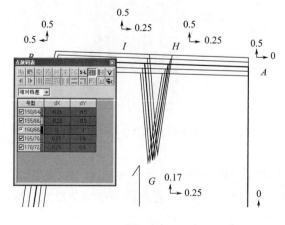

图2-37

二、后片放码

基准线的确定：纵向的基准线为后中线，横向的基准线为臀高线。

后片放码总图，如图2-38所示。

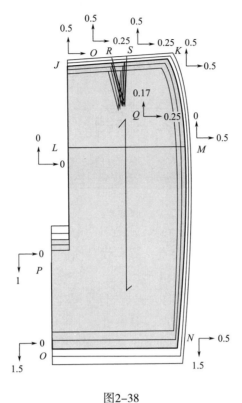

图2-38

（1）点J：后中心点，横向不缩放；纵向的变化量就是臀高档差数值，dY输入档差0.5，如图2-39所示。

（2）点K：后腰围大点，纵向为臀高档差数值，dY输入档差0.5；横向为1/4腰围档差数值，dX输入档差0.5，如图2-39所示。

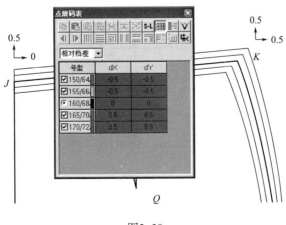

图2-39

（3）点L：后中线和臀围线的交点，是推档的基点，是不动的点，如图2-40所示。

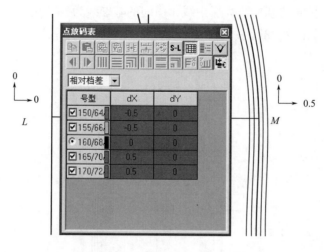

图2-40

（4）点M：臀高线和侧缝线的交点，臀高线是横向基准线，纵向不缩放；横向为1/4臀围档差数值，dX输入档差0.5，如图2-40所示。

（5）点N：底边和侧缝交点，纵向为裙长档差-臀高档差数值，dY输入档差1.5；横向为1/4摆围档差数值，dX输入档差0.5，如图2-41所示。

（6）点O：裙后中开衩和底边线的交点，后中线是基准线，纵向为裙长档差-臀高档差数值，dY输入档差1.5；裙衩宽度不变，横向不缩放，如图2-41所示。

（7）点P：裙后中开衩高上的点，设后衩长度的变化量是0.5cm，点O上的变化量是1.5cm，所以点P的纵向放缩量为1.5-0.5=1cm；dY输入档差1，横向在基准线上不缩放，如图2-41所示。

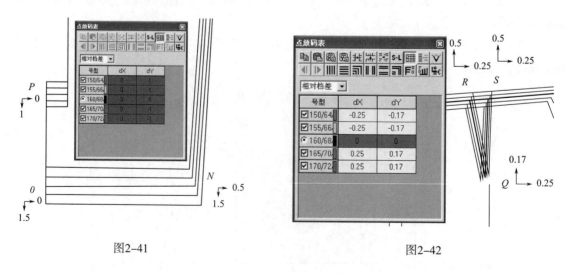

图2-41   图2-42

（8）点R与点S：两点都在腰线上，缩放值同前片腰省H、I两点，如图2-42所示。

（9）点Q：省尖点，缩放值同前片的省尖点G，如图2-42所示。

三、腰头放码

（1）点*T*：腰头点，腰围的档差是2cm，dX输入档差2，纵向不缩放，如图2-43所示。

（2）点*U*：腰衬点，横向放缩同腰头T点一样，dX输入档差2，纵向不缩放，如图2-43所示。

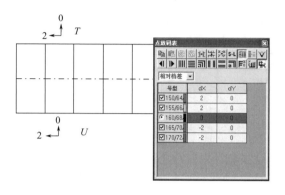

图2-43

【任务小结】

本任务从实际生产出发，合理安排学习任务，通过"任务实施"，详细的叙述了各部位放码的原理，学生不必死记硬背，通过计算可以得到各放码点的数值。本任务介绍了如何放码样板不变形，介绍了如何检查放码量，以确保各号型样板的准确性。

【任务评价】

任务评价见表2-6。

表2-6

内容	评分项目	评分点	扣分说明（扣完为止）	分值
裙装CAD板型放码	放码	1. 样板放码码数齐全、部件完整、线条缩放后走形符合款式造型要求（12分） 2. 纱向、裁片数、对位记号标注齐全、准确无误（5分） 3. 公共线确定合理，各部位档差标注明确（3分）	1. 样板放码码数不齐全、部件漏项、线条缩放后走形的、档差数不规范每处扣5分 2. 纱向、裁片数、对位记号标注不准确，不齐全每处扣1分 3. 公共线确定不合理，各部位档差标注不明确每处扣1分	20分

思考与练习

综合实训

（1）前、后裙片的放码。

（2）腰头的放码。

习题

（1）叙述前、后裙片放码的原理和数值。

（2）应用服装CAD软件的打板系统，参照表2-7中的规格和图2-44所示的结构图数据，参照教材中的制图步骤，完成褶裥西服裙的CAD放码，号型为160/68A。

表2-7

（单位：cm）

部位	裙长	腰围	臀围	臀高	腰宽	摆围
规格	60	70	94	17	3	88

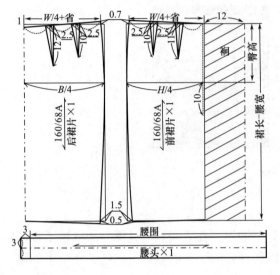

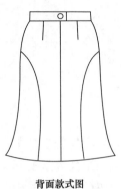

正面款式图　　　背面款式图

图2-44

拓展训练（选做题）

分析如表2-8中竖线分割裙的款式特征，准确绘制结构分解图，以160/68A为中码推出大、中、小三个型号的工业样板。制图规格如下：

表2-8

（单位：cm）

部位	裙长	腰围	臀围	臀高	腰宽
规格	60	70	96	17	3

任务四　裙装CAD板型排料

【任务导入】

我们已经完成了订单样板的制作，下面的工作任务是根据面料的幅宽进行排料，了解如何才能省料。

【任务分析】

排料的目的就是省料，一般大号和小号结合。设置几种不同幅宽的布片，让学生体验，叙述为什么要这样设置。

【任务准备】

检查导入样板的每个衣片份数，裁片布纹设置是否合理。布边余留要根据面料情况，要符合企业的生产习惯。

【任务实施】

一、设置唛架

双击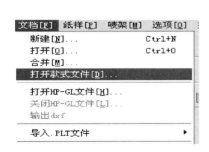进入RP-GMS排料系统，按照面料宽度设置唛架。

注意：由于面料幅宽包含布边，大家根据情况设置面料的上下边界，如图2-45所示。

图2-45

二、导入款式文件

选择【文档】→【打开款式文件】，如图2-46所示。

图2-46

三、设置排料套数

根据款式数量选择排料套数，如图2-47所示。

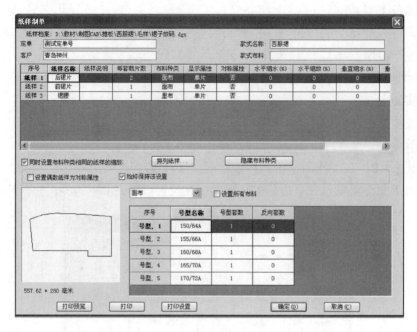

图2-47

四、选择排料方式

根据客户要求选择排料方法，如图2-48所示。

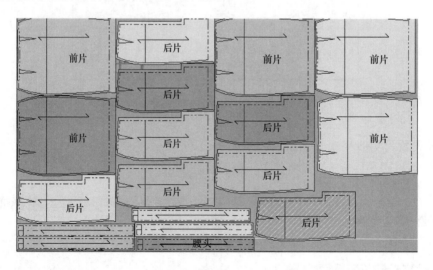

图2-48

【任务小结】

本任务从实际生产出发，合理安排学习任务，通过"任务实施"从如何导入个号型样板入手，到如何设置唛架，设置排料套数，以及排料方式。完全按照企业生产实际情况模拟实施。

【任务评价】

任务评价见表2-9。

表2-9

内容	评分项目	评分点	扣分说明（扣完为止）	分值
裙装 CAD板 型排料	样板排料	1. 样板丝缕摆放准确（3分） 2. 排料合理（4分） 3. 面料、衬料用布适宜（8分）	1. 样板丝缕摆放不准确扣2分 2. 排料不合理扣2分 3. 面料用布不适宜扣2分，衬料用布不适宜扣2分	15分

思考与练习

综合实训

1. 导入样片，按照幅宽144cm排料。

2. 导入样片，按照幅宽150cm排料。

习题

1. 论述排料的过程。

2. 应用服装CAD软件的打板系统，按照表2-10中的规格和图2-49所示的结构图数据，参照本书中的制图步骤，完成女西服裙的CAD排料，号型为160/68A，面料宽度144cm。

表2-10　　　　　　　　　　　　　　　　　　　　　　（单位：cm）

部位	裙长	腰围	臀围	臀高	腰宽
规格	60	70	94	17	3

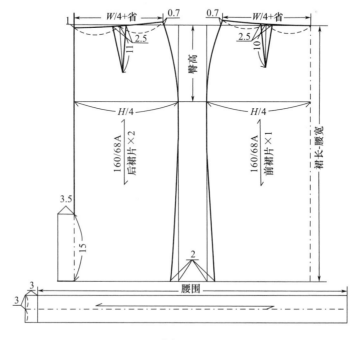

图2-49

第三单元　男西裤板型制作与放码

用服装CAD软件按照所给定的款式和数据进行男西裤制图，并保存结果。本单元为服装样板设计制作工技能考核中，服装CAD部分的考核要求之一。

学习任务

西裤属立体型结构，以人体结构和体表外形为依据而设计。适合在办公室及社交场合穿着，所以在要求舒适自然的前提下，在造型上比较注意与形体的协调。裁剪时放松量适中，给人以平和稳重的感觉。西裤在生产工艺及造型上基本已国际化和规范化。短西裤与西裤的工艺基本相同，长度在膝盖以上不等，可根据自己的需要选择。

本项目以男西裤为典范，学习其一整套版型制作方法。

总体目标

（1）在掌握工具的使用方法，熟练进行西裤纸样绘制，并能进行简单拓展操作。

（2）熟练使用CAD绘制前、后裤片及零部件，并掌握其放缝方法。

（3）掌握前后裤片放码方法，学会如何用裆差计算分配放缩量。

（4）能够使用CAD排料系统进行合理排料。

重点提示

任务一　使用CAD绘制时，准确把握各部位的尺寸。

任务二　使用CAD放缝时，注意缝边的形状和剪口部位的设置。

任务三　使用CAD放码时，正确处理各部位的随动关系，以及放缩量的分配。

任务四　使用CAD排料时，掌握排料的套数设定，排料方式的选择。

任务一　男西裤CAD板型制作

【任务导入】

根据给定生产工艺单，要求生产适合办公室人员穿着的男士西裤款，要求板型穿着舒适，裁剪合体。

【任务分析】

适合上班族、办公室人员穿着的男士西裤，款式节约、洁简，不失稳重，裁剪上要求合体、精细，还要适应现代化生产的需要，工艺简洁，外形美观，适身合体。

【任务实施】

一、款式说明

如图3-1所示，此款装腰型直腰。前中门里襟装拉链，前裤片腰口左右反褶裥各1个，前袋的袋型为侧缝斜袋，裤带襻6根。后裤片腰口左右各收省2个，裤片双嵌线袋1个，平脚口。

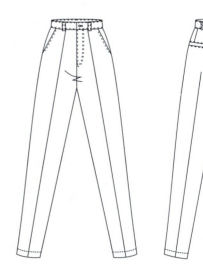

图3-1

二、结构制图规格表

男西裤成品规格尺寸如表3-1所示。

表3-1　　　　　　　　　　　　　　　　　　　（单位：cm）

部位	165/70A	170/74A	175/78A	档差
裤长	100	103	106	3
腰围	72	76	80	4
臀围	96	100	104	4
裆深	27.25	28	28.75	0.75
中裆	45	46	47	1
脚口	35	36	37	1
腰宽	4	4	4	0

三、前后裤片板型制作

如图3-2所示是此款式所有的样板，不可缺少。根据企业的生产习惯可自行调整。

（1）打开软件：双击【RP-DGS】的图标，进入设计与放码系统的工作界面，如图3-3所示。

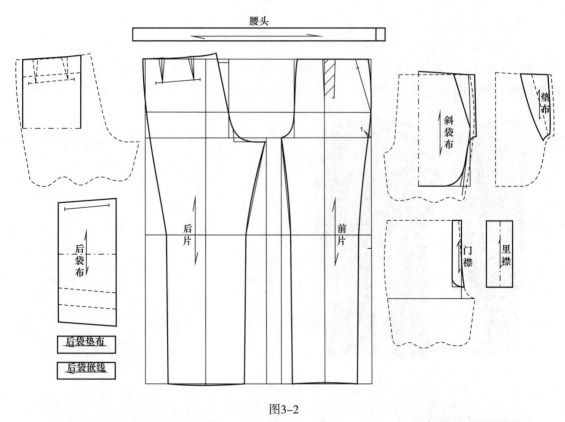

图3-2

图3-3

（2）保存文档：单击【文档】菜单，单击【另存为】命令，弹出【文档另存为】对话框，输入"男西裤.dgs"，单击【保存】，如图3-4所示。

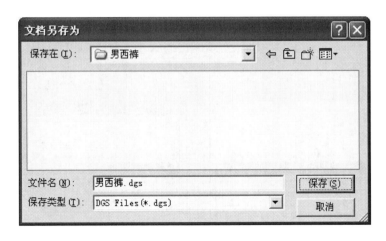

图3-4

（3）设置号型规格：在菜单栏中选择【号型】→【号型编辑】→【设置号型规格表】命令，弹出【设置号型规格表】对话框，设置号型规格，单击【确定】，如图3-5所示。

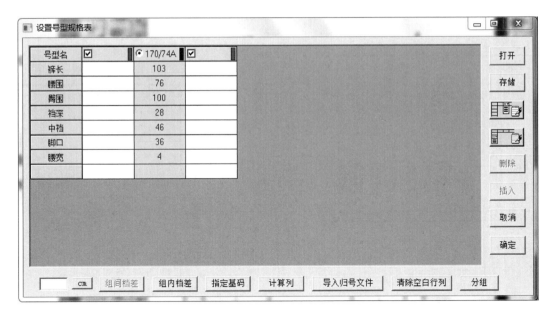

图3-5

（4）绘制基准线：单击【智能笔】工具，绘制裤长，右键可切换智能笔模式，弹出【长度】对话框，单击右上角【计算器】输入"裤长-4（腰宽）"，单击【计算器】对话框的 OK 按钮。然后绘制出上、下平线，宽度为24cm（臀围/4-1），如图3-6所示。

（5）上裆深：（身高+净臀围）/10-0.5cm。

（6）前臀围线：把上裆深平分3等份，下1/3点处是臀围线，如图3-7所示。

（7）烫迹线：臀围线与前臀围大交点向外量出$0.5 \times 0.16H - 1 - 1$（或-2）。取其中点就是烫迹线，如图3-8所示。

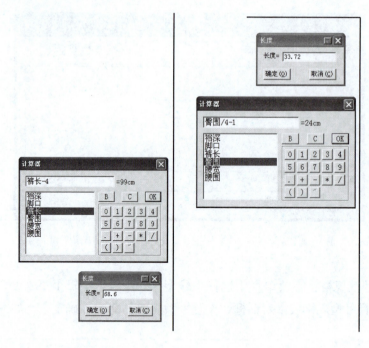

图3-6

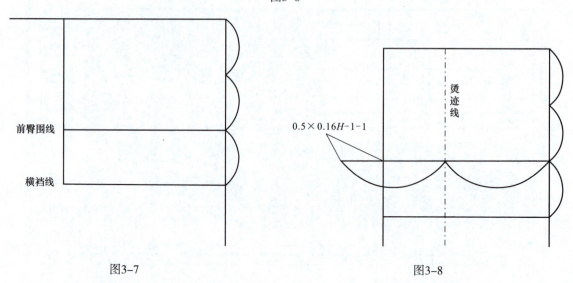

图3-7

图3-8

（8）中裆线：从臀围线到脚口线的中点，向上3cm，画出中裆线，如图3-9所示。

（9）前中裆大：由烫迹线做等分，单向长度为中裆/4-1，如图3-10所示。

（10）前脚口大：由烫迹线做等分，单向长度为脚口/4-1，如图3-10所示。

（11）侧缝线：连接脚口、中裆线，并延长到横裆线，将外侧缝的中裆线到横裆线等分成5份，从腰进去0.5，连接臀围线到下1/5点、中裆点，调顺，如图3-11所示。

（12）下裆缝线：连接中裆线与臀围线，与横裆线相交为横裆点，将脚口和中裆的连线延长到横裆线，将内侧缝的中裆线到横裆线等分成5份，从横裆点连到下1/5点、中裆点，调顺，如图3-12所示。

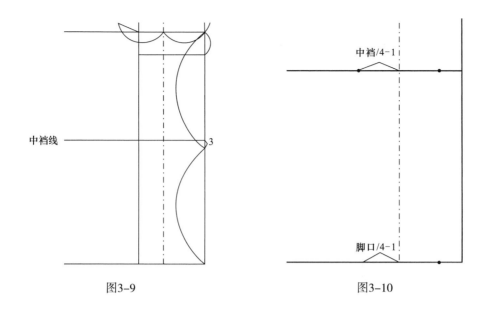

图3-9   图3-10

（13）门襟线：连接小裆点、臀围线、腰围线。用弧线画顺，如图3-13所示。

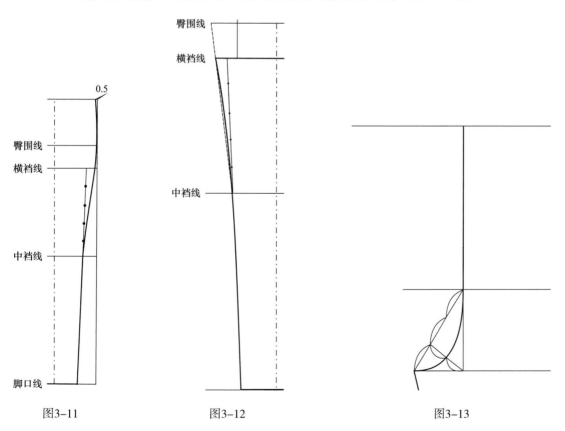

图3-11   图3-12   图3-13

（14）前褶裥：前褶裥为反裥，褶裥量=（腰围-W）/4-1cm，以烫迹线为界，向门襟方向偏0.7cm，烫至臀围线上3cm，用合并调整工具调顺腰口弧线，如图3-14所示。

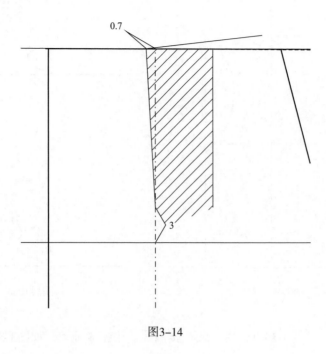

图3-14

（15）延长上平线、臀围线、横裆线、中裆线、脚口线来绘制后片。

（16）后臀围大：画出$H/4+1$cm，由臀围线向外增长$0.5 \times 0.16H+1+1$cm（或+2），如图3-15所示。

（17）烫迹线：取$H/2$点并向内1cm处，画出烫迹线，如图3-15所示。

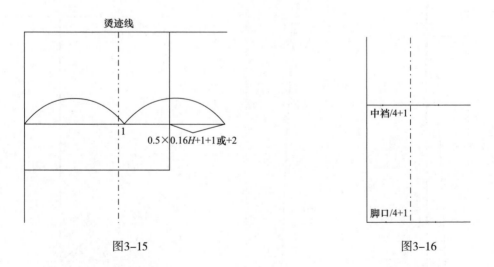

图3-15   图3-16

（18）后中裆大：由烫迹线做等分，单向长度为中裆/4+1，如图3-16所示。

（19）后脚口大：由烫迹线做等分，单向长度为脚口/4+1，如图3-16所示。

（20）侧缝线：连接脚口中裆并延长到横裆线，连接中裆点、臀围外点并延长到上平线，由腰点作1.5cm的垂直线，将外侧缝的中裆线到横裆线等分成4份，连接腰点、臀围、下1/4点、中裆点，调顺，如图3-17所示。

（21）后裆低落：按前片横档线，在后裆处低落0.8cm，如图3-18所示。

（22）后腰围大：后翘高为2cm，画出W/4+1+省，连接腰点到臀围并延长到横档线上，如图3-18所示。

（23）下档缝线：连接脚口中档，连接中档和臀围，把中档和臀围的连线向内平移1cm，如图3-19所示画顺内档缝。

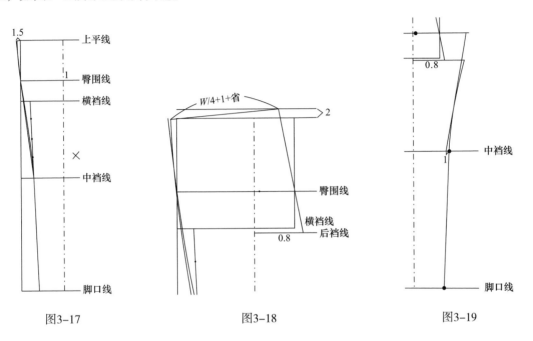

图3-17　　　　　　　　　图3-18　　　　　　　　　图3-19

（24）后裆缝线：连接臀围和横档点，从点A连到线L_1上1/3处点B作线L_2，取L_2的1/2画后档缝线，画顺，如图3-20所示。

（25）后省：从腰围线往下平移7cm，从外侧缝往里减少4cm，总长改成13.5。两边各往里2cm，从这两个点做垂线画出省位，并调顺，如图3-21所示。

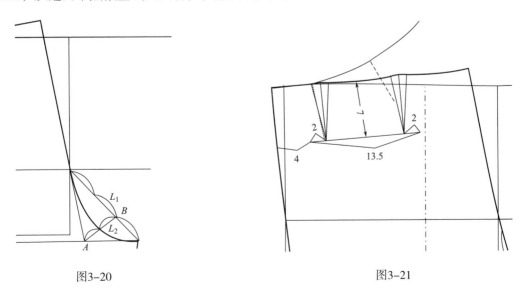

图3-20　　　　　　　　　　　　　　　图3-21

（26）用合并调整工具调顺外侧缝、脚口、裆缝线。给省加上省山。从前腰往里4cm画出斜插袋的位置，斜插袋长17.5cm。如图3-22所示。

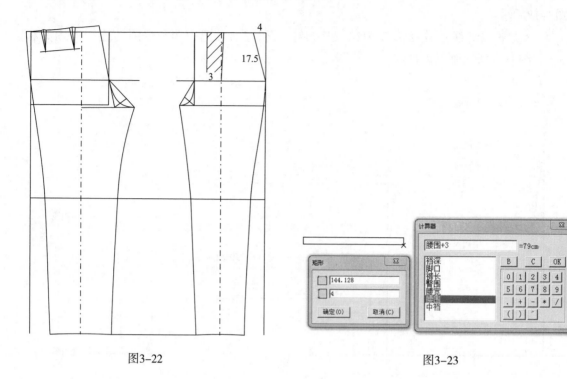

图3-22   图3-23

（27）腰头：用【矩形】工具☐，设置宽☐为腰围+3cm（立襟宽），144.128，长☐为腰宽4cm，绘制出裤腰，如图3-23所示。

【任务小结】

本任务从学生实际出发，合理安排学习任务，裤装相比上装绘制，运用的工具种类不多，通过实例的演示使学生通过任务的实施了解多种工具的使用，板型设计制作线条流畅尺寸符合标准，制图符号标注规范。各个拼接部位检查调整。

【任务评价】

表3-2

内容	评分项目	评分点	扣分说明（扣完为止）	分值
CAD板型制作	裤片样板结构	1. 结构设计正确、合理，符合服装款式造型要求，体现电脑纸样设计过程（35分） 2. 线条流畅、规范（30分） 3. 制图符号、对位标记标注正确、清晰，无遗漏（20分）	1. 结构设计不合理的扣5分 2. 前后裤片、裤头、零部件结构不准确每处扣3分 3. 前、后裤片线条不流畅、轮廓线不准确每处扣3分 4. 前、后裤片制图符号不正确，有遗漏等每处扣2分 5. 样片遗漏、丢失扣10分 6. 样板包括净样板、零部件，缺其中一种板扣3分 7. 制图符号标注不正确、不清晰，有遗漏每处扣3分	100分

续表

内容	评分项目	评分点	扣分说明（扣完为止）	分值
男西裤CAD板型制作	裤片样板规格	1. 成品规格尺寸与样衣相符（12分） 2. 成品规格不超过行业标准的允许公差（3分）	1. 前、后裤片规格尺寸与服装号型以及设计稿的效果不符每处扣3分 2. 成品规格超过了行业标准允许的公差扣3分	100分

思考与练习

综合实训

1. 前后裤片板型制作。

2. 零部件板型制作。

习题

应用服装CAD软件的打板系统，按照表3-3中的规格和图3-24所示的结构图，参照本书的制图步骤，完成前、后裤片的CAD制图实操，号型为170/74A。

表3-3 （单位：cm）

部位	裤长	腰围	臀围	上裆	中裆	脚口	腰宽
规格	103	76	100	28	23	22	4

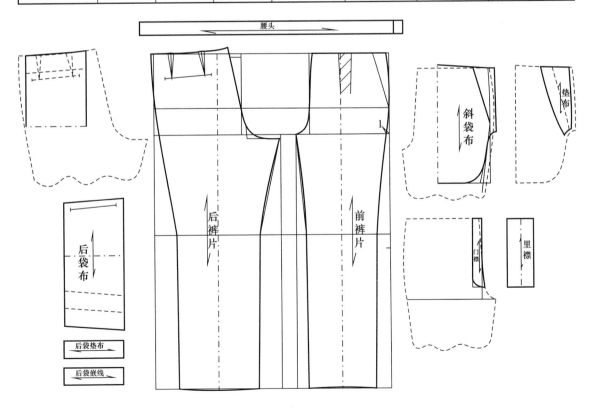

图3-24

任务二　男西裤CAD板型放缝

【任务导入】

前面我们已经完成了订单基础样板的制作。下面的工作任务是对基础样板进行加放缝份；确定丝缕方向；打剪口；确定扣眼和纽扣位置。

【任务分析】

根据工艺单款式资料，确定工艺制作手法，确保缝口准确，缝制后裁片不变形，尺寸不改变、裤筒不起扭等。剪口位置要符合企业的生产习惯。

【任务准备】

仔细检查各部位线条是否闭合，考虑哪些结构线、剪口要在缝制样板中出现，剪口的形状，扣眼的位置确定。

【任务实施】

一、衣片放缝

1. 拾取样片

用【剪刀】工具 ，拾取样片如图3-25所示，设置好款式资料如图3-26所示，纸样资料如图3-27所示。也可在样片中，单击右键，选择关键部位结构线，为放码做好准备。

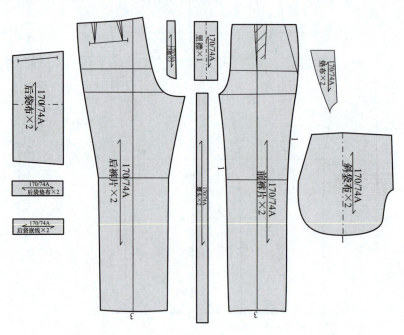

图3-25

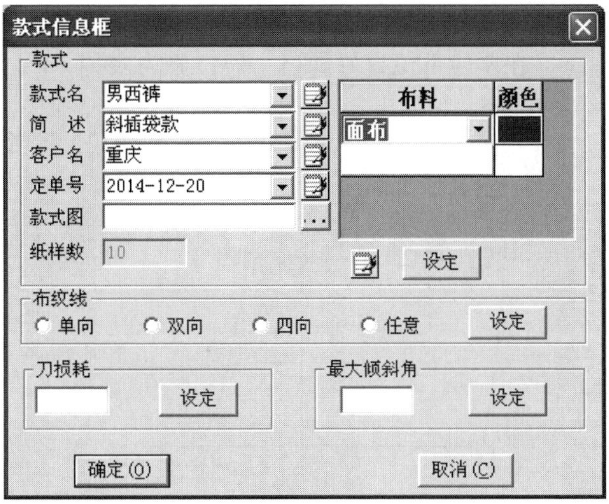

图3-26

图3-27

2．加缝份

用【加缝份】工具 ，对各部位进行放缝。对于弧线、肩缝、领口等特殊部位先选择【加缝份】工具 ，再按住【Shift】调整各部位缝份，使之符合工业化生产的要求，如图3-28所示。

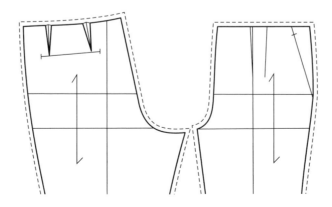

图3-28

3. 打剪口

使用【剪口】工具，在相应部位打好剪口。剪口分为多种，Ⅰ、Ⅱ、Ⅱ、T形等可根据需要选用，如图3-29所示。

图3-29

4. 布纹线信息

布纹线信息包括号型名、款式名、纸样名、客户名、订单名、布料类型、缩水率等信息，设置好这些信息为查询、制作工艺样板、排料、放码、写工艺单、裁床等提供了基础样板信息。设置好布纹信息是工业化生产关键的一步。布纹线上下方的文字，可根据需求灵活选用，如图3-30所示。

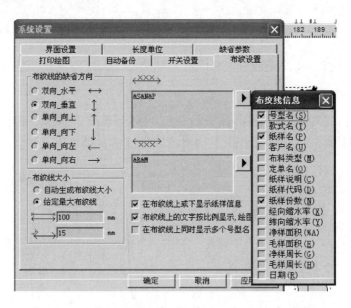

图3-30

5. 扣眼位

设置扣眼位有两种方法，一种是已知线段长度如图3-31所示，一种是根据门襟长度设定扣眼位置如图3-31所示，还可以根据需要设定扣眼的形状角度等如图3-32、图3-33所示。

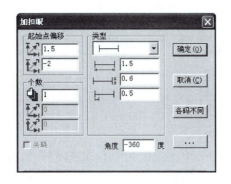
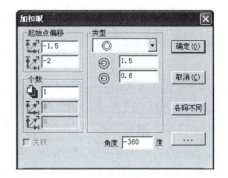

图3-31

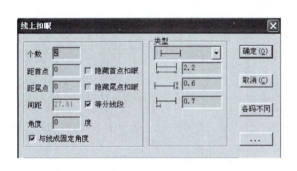

图3-32

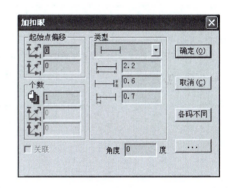

图3-33

【任务小结】

本任务从实际生产出发，合理安排学习任务，通过"任务实施"学习如何拾取样片入手到加放缝份、布纹线信息、加扣眼位置，使学生全方位的了解服装工业样板制作方法。

【任务评价】

任务评价见表3-4。

表3-4

内容	评分项目	评分点	扣分说明（扣完为止）	分值
男西裤CAD板型放缝	样板放缝	1. 放缝准确、均匀（5分） 2. 转角处理准确、圆顺（5分）	1. 前、后裤片放缝不准确、不均匀，每处扣2分 2. 袖窿弧线，腰口等弧线处理不顺，不到位，每处扣2分	15分

思考与练习

综合实训

1. 加缝份、设置剪口位置。

2．填写款式资料、纸样资料、设置布纹线信息。

3．添加扣眼和纽扣位置。

习题

1．叙述加缝份工具、剪口工具操作要领。

2．叙述加扣眼、设置纽扣的操作要领。

3．款式资料、纸样资料、布纹线的设置方法。

4．应用服装CAD软件的打板系统，按照表3-5中的规格和图3-34所示的结构图，参照教材中的制图步骤，完成男西裤纸样工业样板制作，号型为170/74A。

表3-5 （单位：cm）

部位	裤长	腰围	臀围	上裆	中裆	脚口	腰宽
规格	103	76	100	28	23	22	4

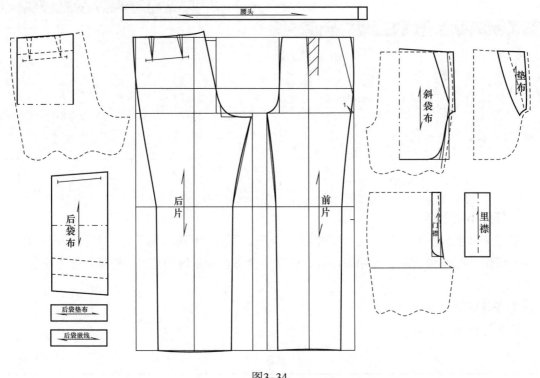

图3-34

任务三　男西裤CAD放码

【任务导入】

我们已经完成订单的基础样板制作。下面的工作任务是根据基础样板进行放码。

【任务分析】

样片放码，裤片结构不能有变化，特别注意尺寸、弧线形状外观。

【任务准备】

（1）检查基础样板的放码点，设置是否合理。各部位的档差要符合企业的生产习惯。设置各部位档差数值，如图3-35所示。

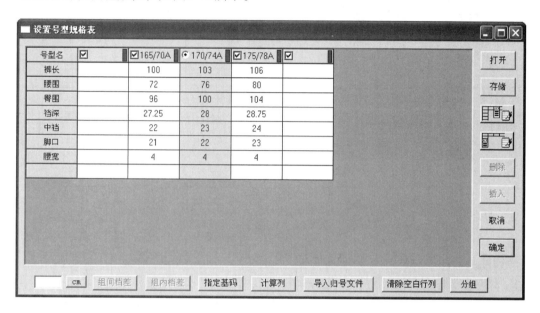

图3-35

（2）在同页面上单击号型旁边颜色框☑165/70A█ 修改号型颜色，如图3-36所示。

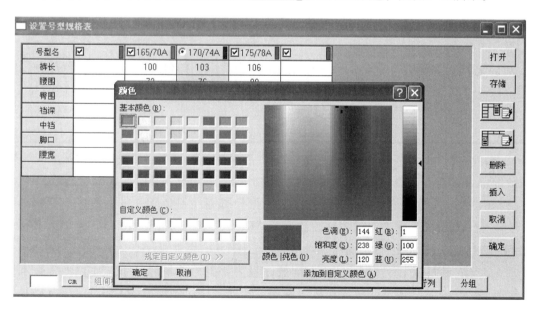

图3-36

【任务实施】

一、前裤片放码（点放码）

1. 隐藏缝头

将放好缝的裁片进行放码，按快捷键【F7】隐藏缝头，方便进行号型放码，如图3-37所示。

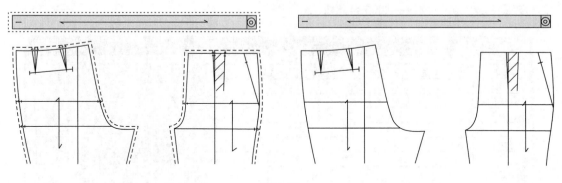

图3-37

2. 点放码

用【选择纸样控制点】工具 ，单击其中一个放码点，再单击快捷工具栏中【点放码表】按钮 ，弹出【点放码表】对话框。

以腰围线为基准线数据往下推放：

（1）点A：腰围档差为4cm，dX方向放缩量为腰围档差量/4=1cm，所以单片腰围线点A、点B平分为0.5cm；腰围线为基准线，故dY方向放缩量为0，输入数据后，单击 ，进行点放码如图3-38所示。

（2）点B：腰围档差为4cm，dX方向放缩量为腰围档差量/4=1cm，所以单片腰围线点A、点B平分为0.5cm；腰围线为基准线故dY方向放缩量为0，输入数据后，单击 ，进行点放码如图3-38所示。

（3）点C：臀围档差为4cm，dX方向放缩量为臀围档差量/4=1cm，所以单片臀围线点C、点D平分为0.5cm；档深档差为0.75cm，腰围线为基准线，故dY方向放缩量为0.75cm，输入数据后，单击 ，进行点放码如图3-38所示。

（4）点D：臀围档差为4cm，横档宽也可随动放码，所以dX方向放缩量为臀围档差量/4=1cm，单片臀围线点C、点D平分为0.5cm；档深档差为0.75cm，腰围线为基准线，故dY方向放缩量为0.75cm，输入数据后，单击 ，进行点放码如图3-38所示。

（5）点E：臀围档差为4cm，dX方向放缩量为臀围档差量/4=1cm，所以单片臀围线点E、点F平分为0.5cm；dY方向放缩量按档深档差随动，按比例可放缩0.45cm，输入数据后，单击 ，进行点放码如图3-38所示。

（6）点F：臀围档差为4cm，dX方向放缩量为臀围档差量/4=1cm，所以单片臀围线点E、点F平分为0.5cm；dY方向放缩量按档深档差随动，按比例可放缩0.45cm，输入数据后，单击 ，进行点放码如图3-38所示。

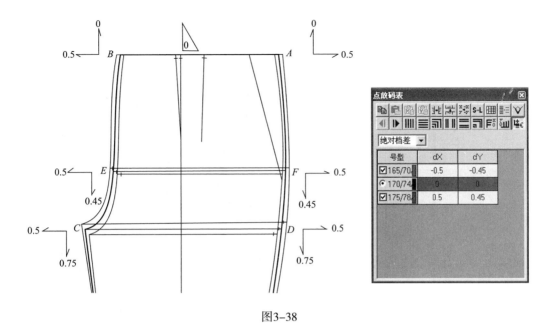

图3-38

（7）点G：脚口档差为1cm，前裤片分0.5cm，点G、点F平分，所以dX方向放缩量为0.25cm；dY方向放缩量为裤长档差3cm，输入数据后，单击⬛，进行点放码如图3-39所示。

（8）点H：脚口档差为1cm，前裤片分0.5cm，点G、点F平分，所以dX方向放缩量为-0.25cm；dY方向放缩量为裤长档差3cm，输入数据后，单击⬛，进行点放码如图3-39所示。

（9）点I：中档档差为1cm，前裤片分0.5cm，点G、点F平分，所以dX方向放缩量为0.25cm；dY方向按裤长比例随动1.25cm，输入数据后，单击⬛，进行点放码如图3-39所示。

（10）点J：中档档差为1cm，前裤片分0.5cm，点G、点F平分，所以dX方向放缩量为0.25cm；dY方向按裤长比例放缩量为1.25cm，输入数据后，单击⬛，进行点放码如图3-39所示。

二、后裤片放码（点放码）

（1）点K：腰围档差为4cm，dX方向放缩量为腰围档差量/4=1cm，所以单片腰围线点K、点L平分为0.5cm；腰围线为基准线故dY方向放缩量为0，输入数据后，单击⬛，进行点放码如图3-40所示。

（2）点L：腰围档差为4cm，dX方向放缩量为腰围档差量/4=1cm，所以单片腰围线点K、点L平分为0.5cm；腰围线为基准线故dY方向放缩量为0，输入数据后，单击⬛，进行点放码如图3-40所示。

（3）点M：臀围档差为4cm，dX方向放缩量为臀围档差量/4=1cm，所以单片臀围线点M、点N平分为0.5cm；档深档差为0.75cm，腰围线为基准线故dY方向放缩量为0.75cm，输入数据后，单击⬛，进行点放码如图3-40所示。

（4）点N：臀围档差为4cm，dX方向放缩量为臀围档差量/4=1cm，所以单片臀围线点M、点N平分为0.5cm；档深档差为0.75cm，腰围线为基准线故dY方向放缩量为0.75cm，输入

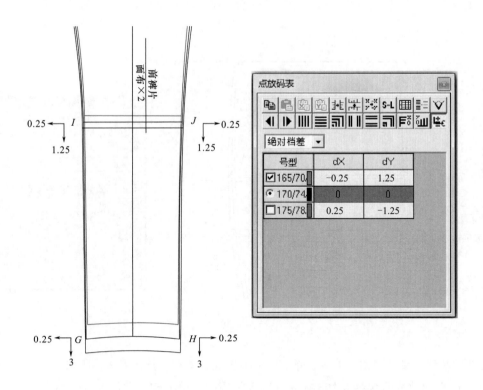

图3-39

数据后，单击🔳，进行点放码如图3-40所示。

（5）点O：臀围档差为4cm，dX方向放缩量为臀围档差量/4=1cm，所以单片臀围线点O、点P平分为0.5cm；dY方向放缩量按档深档差随动，按比例可放缩0.45cm，输入数据后，单击🔳，进行点放码如图3-40所示。

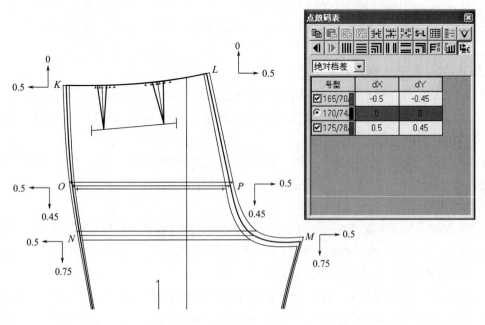

图3-40

（6）点P：臀围档差为4cm，dX方向放缩量为臀围档差量/4=1cm，所以单片臀围线点O、点P平分为0.5cm；dY方向放码按档深档差随动，按比例可放缩0.45cm，输入数据后，单击🔂，进行点放码如图3-40所示。

（7）点Q：脚口档差为1cm，前裤片分0.5cm，点Q、点R平分，所以dX方向放缩量为0.25cm；dY方向放缩量为裤长档差3cm，输入数据后，单击🔂，进行点放码如图3-39所示。

（8）点R：脚口档差为1cm，前裤片分0.5cm，点Q、点R平分，所以dX方向放缩量为-0.25cm；dY方向放缩量为裤长档差3cm，输入数据后，单击🔂，进行点放码如图3-41所示。

（9）点S：中裆档差为1cm，前裤片分0.5cm，点S、点T平分，所以dX方向放缩量为0.25cm；dY方向按裤长比例放缩1.25cm，输入数据后，单击🔂，进行点放码如图3-41所示。

（10）点T：中裆档差为1cm，前裤片分0.5cm，点S、点T平分，所以dX方向放缩量为0.25cm；dY方向按裤长比例放缩1.25cm，输入数据后，单击🔂，进行点放码如图3-41所示。

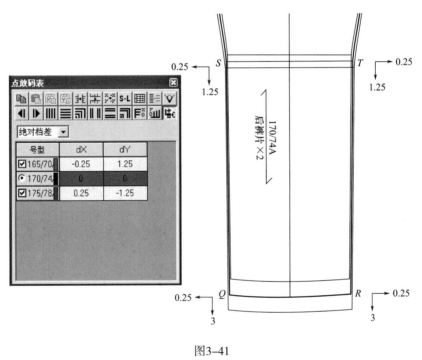

图3-41

三、腰头放码（点放码）

点U、点V：腰围的档差为4cm，故dX放缩量为4cm；腰宽不用放缩，dY方向为0，输入数据后，单击🔂，进行点放码如图3-42所示。

【任务小结】

本任务从实际生产出发，合理安排学习任务，"任务实施"详细地介绍了各部位放码的原

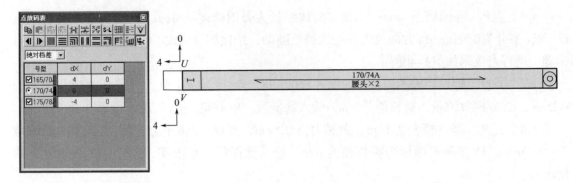

图3-42

理，学生不必死记硬背，通过计算可以得到个放码点的数值。本任务介绍了如何放码样片不变形，介绍了如何检查放码量。采用多种方法和手段放码，确保个号型样板的准确性。

【任务评价】

任务评价见表3-6。

表3-6

内容	评分项目	评分点	扣分说明（扣完为止）	分值
男西裤CAD板型放码	放码	1. 样板放码码数齐全、部件完整、线条缩放后走形符合款式造型要求（12分） 2. 纱向、裁片数、对位记号标注齐全、准确无误（5分） 3. 公共线确定合理，各部位档差标注明确（3分）	1. 样板放码码数不齐全、部件漏项、线条缩放后走形的、档差数不规范每处扣5分 2. 纱向、裁片数、对位记号标注不准确，不齐全扣每处扣1分 3. 公共线确定不合理，各部位档差标注不明确每处扣1分	20分

思考与练习

综合实训

1. 前后裤片的放码。

2. 裤腰的放码。

习题

1. 叙述前后裤片放码的原理和数值。

2. 应用服装CAD软件的打板系统，按照表3-7中的规格和图3-43所示的结构图数据，参照本书中的制图步骤，完成男西裤板型CAD放码，号型为170/74A。

表3-7
（单位：cm）

部位	裤长	腰围	臀围	上档	中档	脚口	腰宽
规格	103	76	100	28	23	22	4

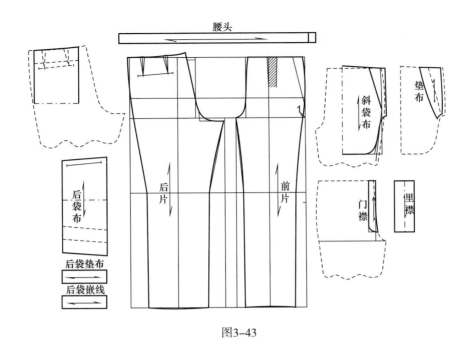

图3-43

任务四 男西裤CAD板型排料

【任务导入】

我们已经完成了订单样板的制作。下面的工作任务是根据面料的幅宽进行排料，如何才能省料。

【任务分析】

排料的目的就是省料，一般大号和小号结合。设置几种不同幅宽的布片，让学生体验，使学生了解为什么要这样设置。

【任务准备】

检查导入样板的每个裤片份数，裁片布纹设置是否合理。布边余留要根据面料情况，要符合企业的生产习惯。

【任务实施】

一、设置唛架

双击 进入【RP-GMS】排料系统，按照面料宽度设置唛架。

注意：由于面料幅宽包含布边，大家根据情况设置面料的上下边界，如图3-44所示。

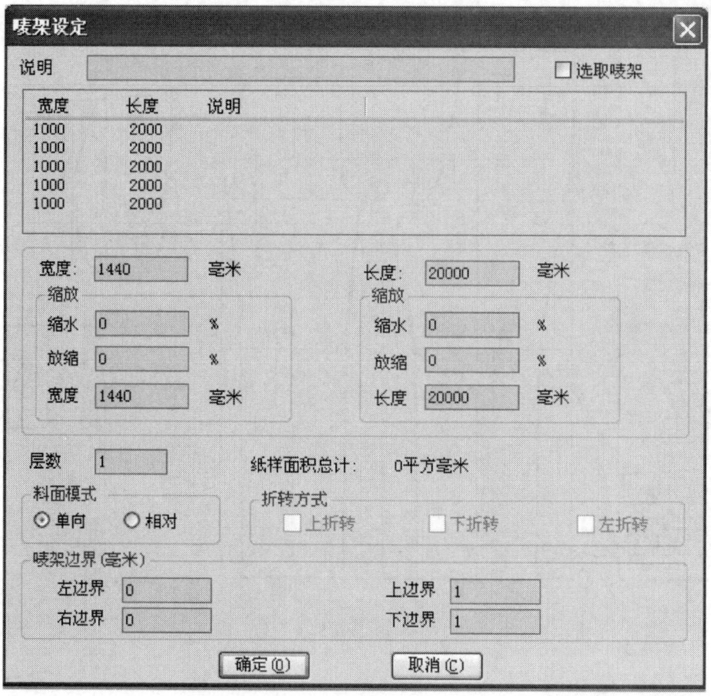

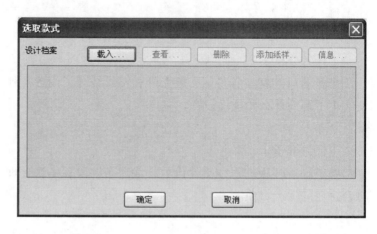

图3-44

二、导入款式文件

选择【文档】→【打开款式文件】，如图3-45所示。

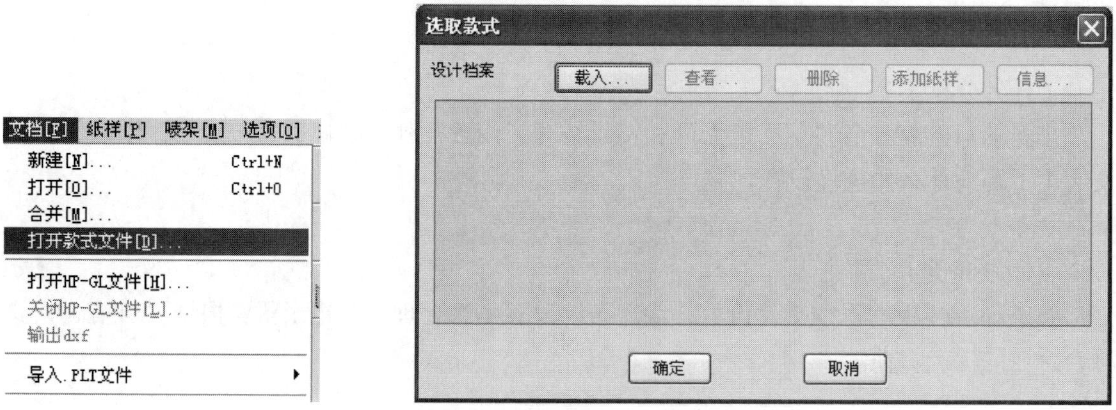

图3-45

三、设置排料套数

根据款式数量选择排料套数，如图3-46所示。

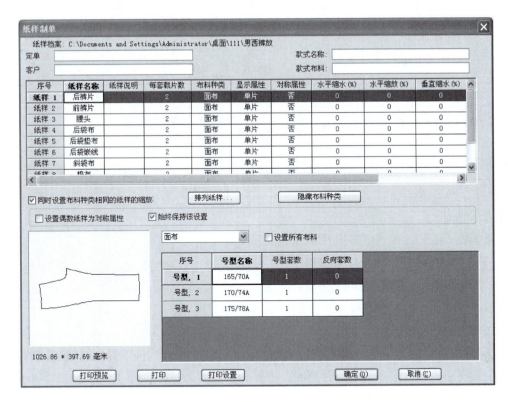

图3-46

四、选择排料方式

根据客户要求选择排料方法，如图3-47所示。

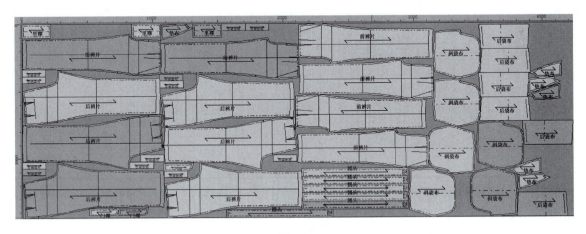

图3-47

【任务小结】

本任务从实际生产出发，合理安排学习任务，通过"任务实施"从如何导入个号型样板入手，到如何设置唛架，设置排料套数，以及排料方式，完全按照企业生产实际情况模拟实施。

【任务评价】

表3-8

内容	评分项目	评分点	扣分说明（扣完为止）	分值
男西裤CAD板型排料	样板排料	1. 样板丝缕摆放准确（3分） 2. 排料合理（4分） 3. 面料、衬料用布适宜（8分）	1. 样板丝缕摆放不准确扣2分 2. 排料不合理扣4分 3. 面料、用布不适宜各扣2分，衬料用布不适宜扣2分	15分

思考与练习

综合实训

1. 导入样片，按照幅宽144cm排料。

2. 导入样片，按照幅宽150cm排料。

习题

1. 叙述排料的过程。

2. 应用服装CAD软件的打板系统，按照表3-9中的规格和图3-48所示的结构图数据，参照本书中的制图步骤，完成基础男西裤的CAD排料，号型为170/74A，面料宽度为144cm。

表3-9 （单位：cm）

部位	裤长	腰围	臀围	上裆	中裆	脚口	腰宽
规格	103	76	100	28	23	22	4

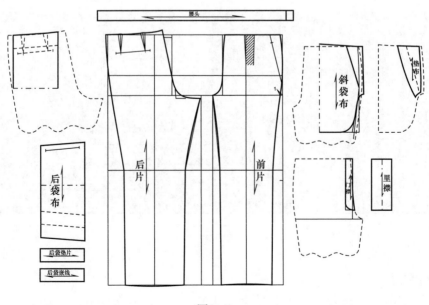

图3-48

第四单元 男衬衣板型制作与放码

用服装CAD软件按照所给定的款式和数据进行男衬衫制图，并保存结果。本单元为服装样板设计制作工技能考核中，服装CAD部分的考核要求之一。

学习任务

伴随着白领阶层人数的增加，衬衫在配合西服和领带中以白色为中心逐步推进，面料也由棉开发出化学纤维，防缩、防皱等机能性加工、易于整理的衬衫能走入到平常老百姓的家中，成为大众化的服饰。

另外，使用高级纯棉布料和量身定制的高级法式衬衫出现，这类衬衫更注重衬衫自身的面料以及制作的工艺，辅料更加的考究，工艺更加的复杂，虽然必须予以适当的熨烫保养，但恰好可以满足中上阶层以及那些追求品质且有能力不拘于价格和保养支出的人群。这样，衬衫发展到现代就逐渐形成了大众化、品质化的两极分化。

本项目以男衬衫为典范，学习其一整套板型制作方法。

总体目标

1. 掌握工具的使用方法，熟练进行男衬衫纸样绘制，并能进行简单拓展操作。
2. 熟练使用CAD绘制前后衣片、领子及袖子，并掌握其放缝方法。
3. 掌握前后衣片、袖子、领子放码方法，学会如何用档差计算分配放缩量。
4. 能够使用CAD排料系统进行合理排料。

重点提示

任务一　使用 CAD 绘制时，准确把握各部位的尺寸。

任务二　使用 CAD 放缝时，注意缝边的形状和剪口部位的设置。

任务三　使用 CAD 放码时，正确处理各部位的随动关系，以及放缩量的分配。

任务四　使用 CAD 排料时，掌握排料的套数设定，排料方式的选择。

任务一　男衬衣CAD板型制作

【任务导入】

根据给定的生产工艺单，要求生产适合于办公室人员穿着的衬衫款，结构变化不多，要求板型穿着舒适，裁剪合体。

【任务分析】

适合上班族、办公室人员穿着的男士衬衫，款式节约、洁简、裁剪上要求合体、精细、还要适应现代化生产的需要、工艺简洁、外形美观、适身合体。

【任务实施】

一、款式说明

如图4-1所示，领型为尖式立翻领。前中开襟、单排扣，钉纽扣6粒，左前片装胸袋一个，后片装后过肩，腰节略收腰，圆下摆。袖型为一片式圆装长袖。

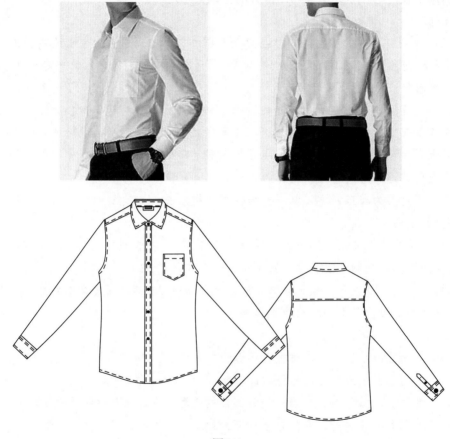

图4-1

二、结构制图规格表

表4-1　男衬衫成品规格尺寸　　　　　　　　　　　　　　（单位：cm）

部位	165/84A	170/88A	175/92A	档差
衣长	69	71	73	2
胸围	106	110	114	4
领围	38	39	40	1

续表

部位	165/84A	170/88A	175/92A	档差
肩宽	45	46	47	1
袖长	56.5	58	59.5	1.5
袖口	25	26	27	1
前腰节长	41.5	42.5	43.5	1

三、前后衣片板型制作

❢ 提示

如图4-2所示，是此款式板型设计所有的样板，不可缺少。可根据企业的生产习惯自行调整。

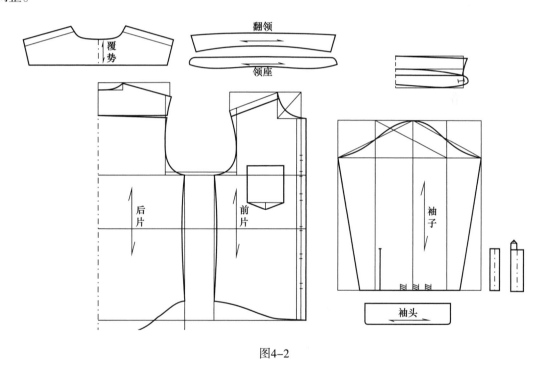

图4-2

（1）双击【RP-DGS】的图标按钮 ，进入设计与放码系统的工作界面，如图4-3所示。

（2）单击【文档】菜单，单击【另存为】命令，弹出【文档另存为】对话框，输入"男衬衫.dgs"，单击【保存】，如图4-4所示。

（3）在菜单栏中选择【号型】→【号型编辑】→【设置号型规格表】命令，弹出【设置号型规格表】对话框，设置号型规格，单击【确定】，如图4-5所示。

（4）这里是直接利用男上衣原型进行制图，除了在确定衬衣的领窝尺寸时要用到公式外，其他部位都不用公式计算，只需根据衬衣的特点和要求，对上衣原型进行尺寸的调整和加放。

（5）确定前后衣长：后片衣长由腰节线往下35cm定出，前片衣长比后片短3cm，如图4-6所示。

图4-3

图4-4

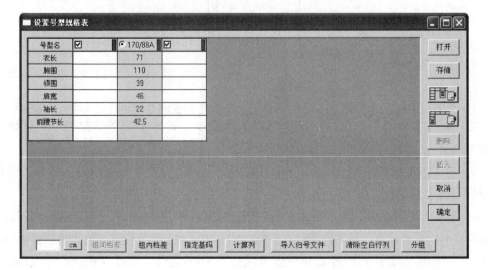

图4-5

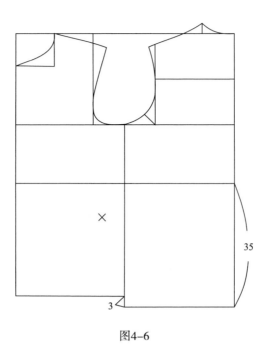

图4-6

（6）前后领窝宽：前后领窝宽均按$N/5-0.6=7.1$cm定出。前领窝深按照原型领窝深下降1cm，如图4-7所示。

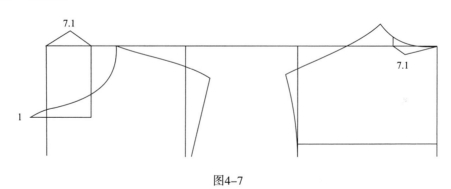

图4-7

（7）前后领窝弧线：前领窝弧线经过对角线的1/3点如图4-8画顺，后领窝深先按照原型往上0.3cm，如图4-8所示画顺后领窝。

（8）前后肩斜线和肩宽：后肩斜线在原型肩端点往上1.5cm，在与衬衣后侧颈点连线画出，后肩宽由原型肩宽放出0.5cm，前肩斜线在原型肩端点下落0.5cm，或在前胸宽线与肩线的交点下落1cm再与前侧颈点连线画出，前肩线L_2与后肩线L_1等长，如图4-8所示。

（9）背宽和胸宽：分别较原型放出1cm和1.5cm，这样衬衣在套装里面更具活动性，如图4-8所示。

（10）袖窿深：较原型下落0.5cm，如图4-8所示。

（11）前后袖窿弧线：按照新的肩宽、胸宽、背宽及下落后的袖窿深重新画顺，如图4-8所示。

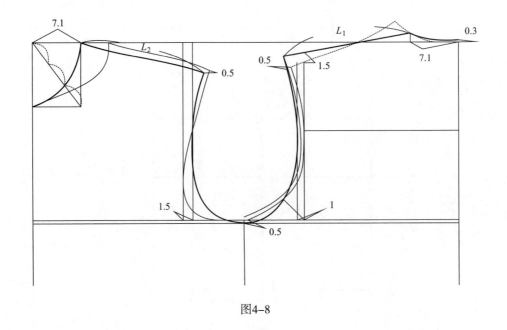

图4-8

（12）前后过肩宽：后片由后颈点往下6cm，再画水平线做出后过肩线。前片由肩线往下3cm与前肩线平行画出前过肩线。然后再把过肩在前后肩线拼合成一整片。另后片在过肩处有袖窿省1cm。然后对弧线进行合并调整，如图4-9所示。

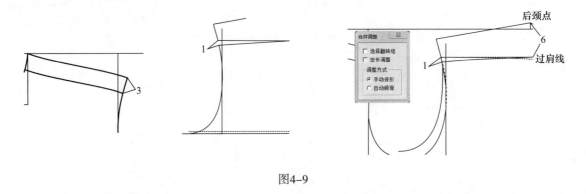

图4-9

（13）下摆曲线：先在前片侧缝底边上去5cm，然后在5cm处两边分别水平画2.5cm直线，再分别与前后底边连线后用弧线画顺，如图4-10所示。

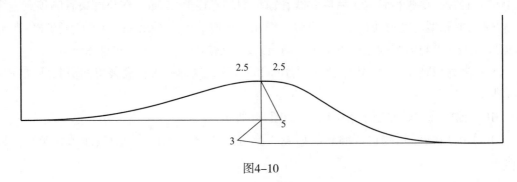

图4-10

（14）贴袋位：左胸距前中心线6.5cm，口袋上沿位于原型胸围线上1.5cm画出，袋口宽10.5cm，袋两边长11cm，底边三角形高2cm，如图4-11所示。

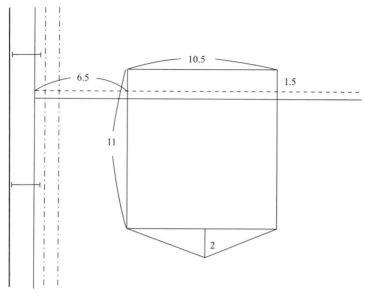

图4-11

（15）纽扣位：五粒（不包括领座上的一粒扣位），第一粒扣距领窝5cm，然后往下按距9.5cm分别定出另外四粒扣，如图4-12所示。

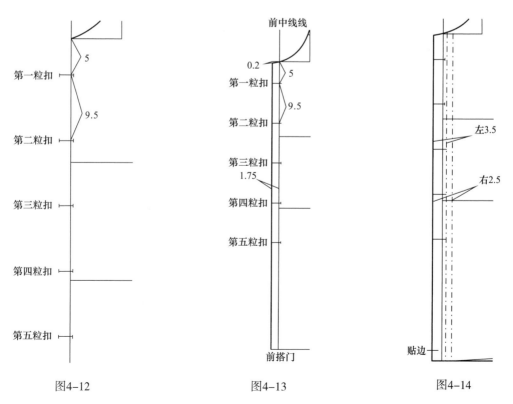

图4-12   图4-13   图4-14

（16）前搭门宽：由前中心线向外放出1.75cm，再垂直画顺前止口线。上止口领窝处向下倾斜0.2cm，如图4-13所示。

（17）贴边宽：左边3.5cm，右边2.5cm（均不包含缝份），如图4-14所示。

（18）袖子：先画出袖长和袖头宽，定出袖山高AH/6=9cm，画出水平线，前后袖山弧线分别按衬衣前后袖窿弧线长-0.5cm定出基线，如图4-15所示。

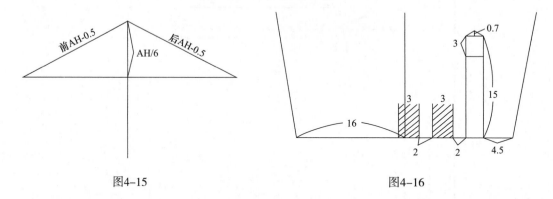

图4-15　　　　　　　　　　　　　　图4-16

（19）前后袖口宽分别定16cm，其中包括两个3cm宽的袖头褶。袖口开衩由后袖口进去4.5cm定出，袖口开衩的搭门宽2.5cm，长15cm，宝剑头状，尖角0.7cm，开衩封口长3cm。袖口作两个分别为3cm的袖口褶，间隔为2cm，如图4-16所示。

（20）袖头长按照手腕围+6cm+2cm（搭门宽）定出，袖头圆角弧进0.7～1cm，如图4-17所示。

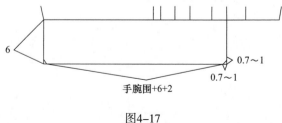

图4-17

（21）袖山弧长：前袖山弧长分成四等份，后袖山弧长分成三等份，然后按图4-18画顺。

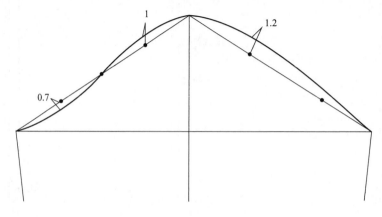

图4-18

（22）用【比较长度】工具 测量出前、后领圈弧线长度，绘制出立翻领，如图4-19所示。

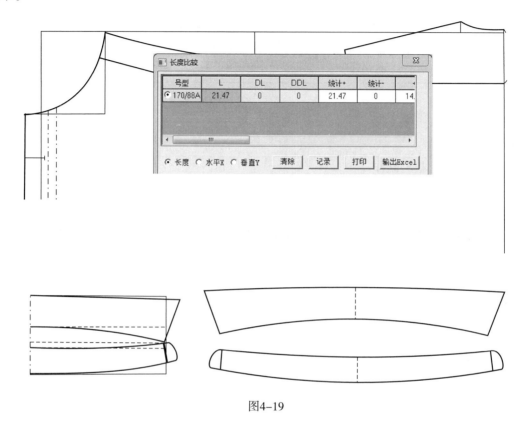

图4-19

【任务小结】

　　本任务从学生实际出发，合理安排学习任务，通过实例的演示使学生通过任务的实施了解多种工具的使用，板型设计制作线条流畅尺寸符合标准，制图符号标注规范。各个拼接部位检查调整。

【任务评价】

　　任务评价见表4-2。

表4-2

内容	评分项目	评分点	扣分说明（扣完为止）	分值
男衬衣CAD板型制作	样板结构	1. 结构设计正确、合理，符合服装款式造型要求，体现电脑纸样设计过程（35分） 2. 线条流畅、规范（30分） 3. 制图符号、对位标记标注正确、清晰，无遗漏（20分）	1. 结构设计不合理的扣5分 2. 前、后衣片、领子、袖子结构不准确每处扣3分 3. 前、后衣片线条不流畅、轮廓线不准确每处扣3分 4. 前、后衣片制图符号不正确，有遗漏等每处扣2分 5. 样片遗漏、丢失扣10分 6. 样板包括净样板、零部件，缺其中一种板扣3分 7. 制图符号标注不正确、不清晰，有遗漏每处扣3分	100分

续表

内容	评分项目	评分点	扣分说明（扣完为止）	分值
男衬衣CAD板型制作	样板规格	1. 成品规格尺寸与样衣相符（12分） 2. 成品规格不超过行业标准的允许公差（3分）	1. 前、后衣片规格尺寸与服装号型以及设计稿的效果不符每处扣3分 2. 成品规格超过了行业标准允许的公差扣3分	100分

思考与练习

综合实训

（1）前后衣片板型制作。

（2）领、袖板型制作。

习题

应用服装CAD软件的打板系统，按照表4-3中的规格和图4-20的结构图，参照本书中的制图步骤，完成前、后衣片的CAD制图实操，号型为170/88A。

表4-3 （单位：cm）

部位	衣长	胸围	领围	肩宽	袖长	袖口	前腰节长
规格	71	110	39	46	22	26	42.5

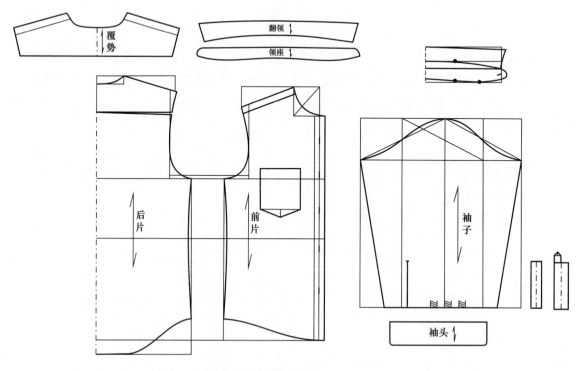

图4-20

任务二　男衬衣CAD板型放缝

【任务导入】

前面我们已经完成了订单基础样板的制作。下面的工作任务是对基础样板进行加放缝份、确定丝缕方向、打剪口；确定扣眼和纽扣位置。

【任务分析】

根据工艺单款式资料，确定工艺制作手法、确保缝口准确、缝制后裁片不变形、尺寸不改变等。剪口位置要符合企业的生产习惯。

【任务准备】

仔细检查各部位线条是否闭合，考虑哪些结构线、剪口要在缝制样板中出现，确定剪口的形状、扣眼位置。

【任务实施】

（1）拾取样片：用【剪刀】工具 ，拾取样片如图4-21所示，设置好款式资料如图4-22所示，纸样资料如图4-23所示。也可在样片中，单击右键，选择关键部位结构线，为放码做好准备。

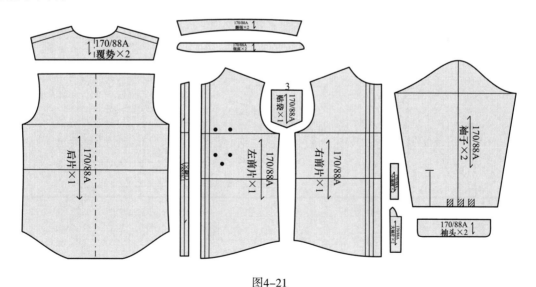

图4-21

（2）加缝份：用【加缝份】工具 ，对各部位进行放缝。对于弧线、肩缝、领口等特殊部位先选择【加缝份】工具 ，再按住【Shift】键调整各部位缝份，使之符合工业化生产的要求，如图4-24所示。

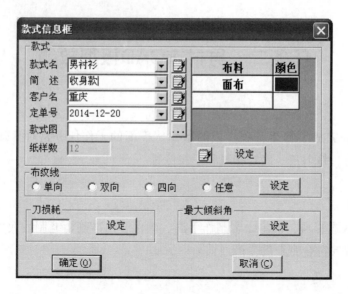

图4-22

图4-23

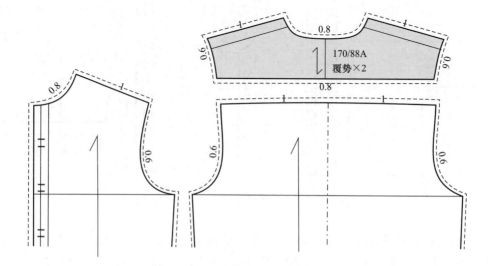

图4-24

（3）打剪口：使用【剪口】工具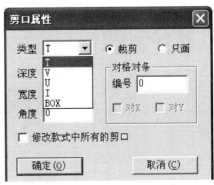，在相应部位打好剪口。剪口分为多种，I、U、T形等可更根据需要选用，如图4-25所示。

（4）布纹线信息：布纹线上的信息包括号型名、款式名、纸样名、客户名、订单名、布料类型、缩水率等信息，设置好这些信息为查询、制作工艺样板、排料、放码、写工艺单、裁剪等提供了基础样板信息。设置好布纹信息是工业化生产关键的一步。布纹线上下方的文字，可根据需求灵活选用，如图4-26所示。

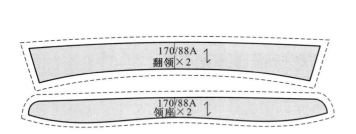

图4-25

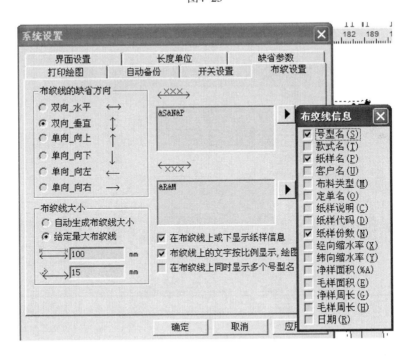

图4-26

（5）扣眼位：设置扣眼位软件有两种方法可供选择，一种是已知线段长度，另一种是根据门襟长度设定扣眼位置如图4-27所示，还可以根据需要设定扣眼的形状角度等，如图4-28所示。

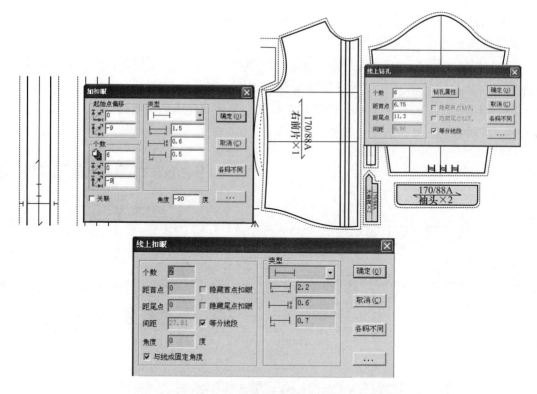

图4-27

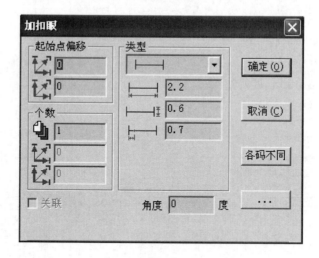

图4-28

【任务小结】

本任务从实际生产出发，合理安排学习任务，通过"任务实施"从如何拾取样片入手到加放缝份、布纹线信息、加扣眼位置，使学生全方位的了解服装工业样板制作方法。

【任务评价】

任务评价见表4-4。

表4-4

内容	评分项目	评分点	扣分说明（扣完为止）	分值
男衬衣CAD板型放缝	样板放缝	1．放缝准确、均匀（5分） 2．转角处理准确、圆顺（5分）	1．前、后衣片放缝不准确、不均匀每处扣2分 2．袖窿、袖山、下摆等弧线处理不顺，不到位每处扣2分	15分

思考与练习

综合实训

1．加缝份、设置剪口位置。

2．填写款式资料、纸样资料、设置布纹线信息。

3．添加扣眼和设置纽扣位置。

习题

1．叙述加缝份工具、剪口工具操作要领。

2．叙述加扣眼、设置纽扣的操作要领。

3．款式资料、纸样资料、布纹线的设置方法。

4．应用服装CAD软件的打板系统，按照表4-5中的规格和图4-29所示的结构图，参照教材中的制图步骤，完成男衬衫纸样工业样板制作，号型为170/88A。

表4-5　　　　　　　　　　　　　　　　　　　　　　　（单位：cm）

部位	衣长	胸围	领围	肩宽	袖长	袖口	前腰节长
规格	71	110	39	46	22	26	42.5

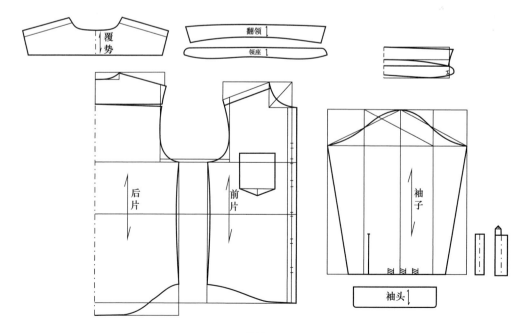

图4-29

任务三 男衬衣CAD放码

【任务导入】

我们已经完成订单的基础样板制作。下面的工作任务是根据基础样板进行放码。

【任务分析】

样片放码，衣片结构不能有变化，特别注意尺寸、弧线形状外观。

【任务准备】

（1）检查基础样板的放码点，设置是否合理。各部位的档差要符合企业的生产习惯。设置各部位档差数值，如图4-30所示。

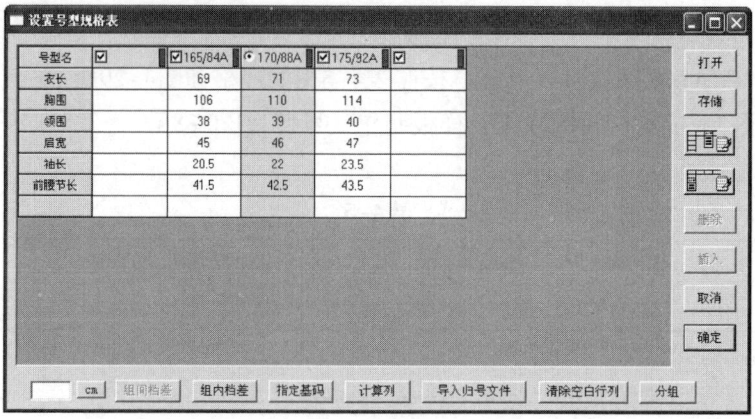

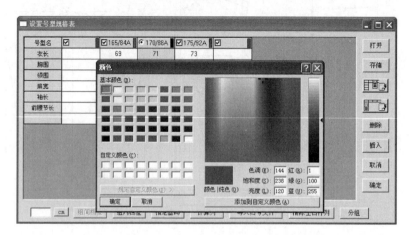

图4-30

（2）在同页面上单击号型旁边颜色框 ☑175/92A 修改号型颜色，如图4-31所示。

图4-31

【任务实施】

一、前片放码（点放码）

单击其中一个放码点，再单击快捷工具栏中点放码表按钮，弹出【点放码表】对话框。以腰围线、前中心为基准点进行数据推放：

（1）点 A：衣长档差为2cm，按比例，以胸围线为基准线往上dY方向的放缩量为0.67cm，dX方向不动，放缩量为0，输入数据后，单击，进行点放码如图4-32所示。

（2）点 B：领围档差为1cm，按公式N/5算，dX方向的放缩量为0.2cm，dY方向按点 A 比例放缩量为0.7cm，输入数据后，单击，进行点放码如图4-32所示。

（3）点 C：肩宽档差为1cm，一半为0.5cm，故dX方向的放缩量为0.5cm，dY方向随颈肩点放缩量为0.67cm，输入数据后，单击，进行点放码如图4-32所示。

（4）点 D：胸围档差为4cm，所以dX方向的放缩量为胸围档差量/4=1cm，胸围线为基准线，故dY方向的放缩量为0，输入数据后，单击，进行点放码如图4-32所示。

（5）点 E：腰围档差为4cm，所以dX方向的放缩量为围度档差量/4=1cm；前腰节档差为1cm，dY方向的放缩量为–0.33cm，输入数据后，单击，进行点放码如图4-32所示。

（6）点 F：前中心为基准线，所以dX方向的放缩量为0；前腰节档差为1cm，dY方向的放缩量为–0.33cm，输入数据后，单击，进行点放码如图4-32所示。

（7）点 G：前中心为基准线，所以dX方向的放缩量为0；衣长的档差为2cm，故dY方向的放缩量为–1.33cm，输入数据后，单击，进行点放码如图4-32所示。

（8）点 H：臀围档差为4cm，故dX方向放缩量为1cm，衣长的档差为2cm，故dY方向的放缩量为–1.33cm，输入数据后，单击，进行点放码如图4-32所示。

门襟放码按前衣片放码量随动。左右前衣片裁片不同，放码量一致，如图4-33所示。

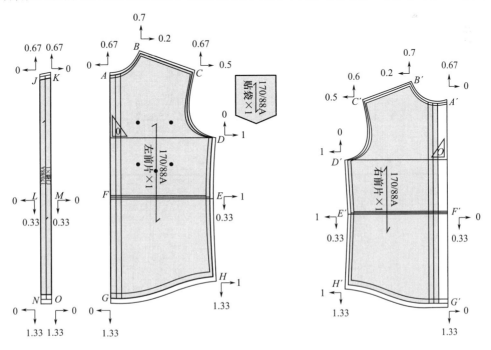

图4-32　　　　　　　　　图4-33

二、后片放码（点放码）

（1）点P：衣长档差为2cm，按比例，以胸围线为基准线往上dY方向放缩量为0.67cm，dX方向不动为0，输入数据后，单击📱，进行点放码如图4-34所示。

（2）点Q：领围档差为1cm，按公式N/5算，dY方向放缩量为0.2cm，dX方向按点A比例放缩量为0.7cm，输入数据后，单击📱，进行点放码如图4-34所示。

（3）点R：肩宽档差为1cm，一半为0.5cm，故dX方向放缩量为0.5cm，dY方向随颈肩点放缩量为0.67cm，输入数据后，单击📱，进行点放码如图4-34所示。

（4）点S：随R点按比例推放，dX方向放缩量为0.5cm，dY方向放缩量为0.5cm，单击📱，进行点放码如图4-34所示。

（5）点T：以胸围线为基准线，为不影响整体放码档差，与点S同步，dX方向放缩量为0.5cm，dY方向放缩量为0.5cm，单击📱，进行点放码如图4-34所示。

（6）点U：胸围档差为4cm，所以dX方向的放缩量为胸围档差量/4=1cm，胸围线为基准线，故dY方向为0，输入数据后，单击📱，进行点放码如图4-34所示。

（7）点V：腰围档差为4cm，所以dX方向的放缩量为围度档差量/4=1cm；前腰节档差为1cm，dY方向的放缩量为0.33cm，输入数据后，单击📱，进行点放码如图4-34所示。

（8）点W：臀围档差为4cm，故dX方向放缩量为1cm，衣长的档差为2cm，故dY方向的放缩量为1.33cm，输入数据后，单击📱，进行点放码如图4-34所示。

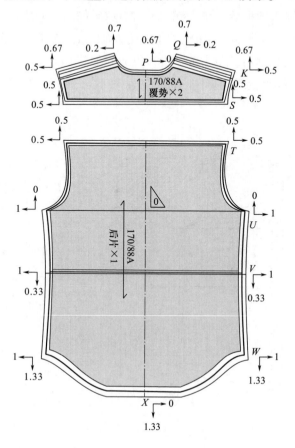

图4-34

（9）点*X*：前中心为基准线，所以dX方向的放缩量为0；衣长的档差为2cm，故dY方向的放缩量为1.33cm，输入数据后，单击▟️，进行点放码如图4-34所示。

三、袖子放码（点放码）

（1）点*a*：袖长档差为1.5cm，以袖肥线为基准线，按比例划分，故dY方向放缩量为0.3cm，dY方向的放缩量为0，输入数据后，单击▟️，进行点放码如图4-35所示。

（2）点*b*：袖肥档差按*B*/5算，故dX方向放缩量为0.8cm，dY方向为0，输入数据后，单击▟️，进行点放码如图4-35所示。

（3）点*c*：袖肥档差按*B*/5算，故dX方向放缩量为0.8cm，dY方向为0，输入数据后，单击▟️，进行点放码如图4-35所示。

（4）点*d*：袖长档差为1.5cm，以袖肥线为基准线，按比例划分，故dY方向放缩量为1.2cm；袖口档差为1cm，故dX方向放缩量为0.5cm，输入数据后，单击▟️，进行点放码如图4-35所示。

（5）点*e*：袖长档差为1.5cm，以袖肥线为基准线，按比例划分，故dY方向放缩量为1.2cm；袖口档差为1cm，故dX方向放缩量为0.5cm，输入数据后，单击▟️，进行点放码如图4-35所示。

（6）点*f*：dX方向随单边袖口档差放缩量为0.25cm，dY方向随点*d*、点*e*放缩，为1.2cm，输入数据后，单击▟️，进行点放码如图4-35所示。

（7）点*g*：袖长档差为1.5cm，以袖肥线为基准线，按比例划分，故dY方向放缩量为1.2cm；dX方向放缩量为放缩0，输入数据后，单击▟️，进行点放码如图4-35所示。

（8）点*h*：为不改变袖衩长度大小，放缩量按*g*点随动，dX方向放缩量为0.25cm，dY方向放缩量为1.2cm，输入数据后，单击▟️，进行点放码如图4-35所示。

（9）点*i*：袖口档差为1cm，如左右推放，dX方向放缩量为0.5cm，无须改变袖口宽度，dY方向继续保持原有宽度，放缩量为0，输入数据后，单击▟️，进行点放码如图4-35所示。

（10）点*j*：袖口档差为1cm，如左右推放，dX方向放缩量为0.5cm，无须改变袖口宽度，dY方向继续保持原有宽度，放缩量为0，输入数据后，单击▟️，进行点放码如图4-35所示。

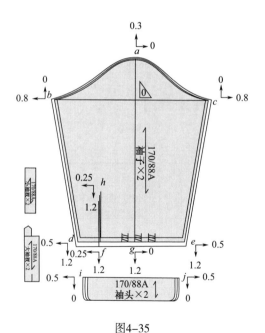

图4-35

四、领子放码（点放码）

（1）点*k*：领围档差为1cm，按N/2算，所以dX放缩量为0.5cm；dY方向放缩量为0，输入数据后，单击▟️，进行点放码如图4-36所示。

（2）点l：随点k移动，dX方向放缩量为0.2cm，dY方向放缩量为0，输入数据后，单击⬛，进行点放码如图4-36所示。

（3）点m：随点k移动，dX方向放缩量为0.5cm，dY方向放缩量为0，输入数据后，单击⬛，进行点放码如图4-36所示。

（4）点n：随点k移动，dX方向放缩量为0.5cm，dY方向放缩量为0，输入数据后，单击⬛，进行点放码如图4-36所示。

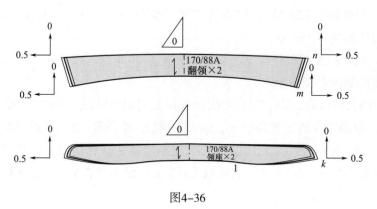

图4-36

【任务小结】

本任务从实际生产出发，合理安排学习任务，通过"任务实施"，详细的叙述了各部位放码的原理，学生不必死记硬背，通过计算可以得到个放码点的数值。介绍了如何放码样片不变形，介绍了如何检查放码量。采用多种方法和手段放码，确保每个号型样板的准确性。

【任务评价】

任务评价见表4-6。

表4-6

内容	评分项目	评分点	扣分说明（扣完为止）	分值
男衬衣CAD板型放码	放码	1. 样板放码码数齐全、部件完整、线条缩放后走形符合软式造型要求（12分） 2. 纱向、裁片数、对位记号标注齐全、准确无误（5分） 3. 公共线确定合理，各部位档差标注明确（3分）	1. 样板放码码数不齐全、部件漏项、线条缩放后走形的、档差数不规范每处扣5分 2. 纱向、裁片数、对位记号标注不准确，不齐全扣每处扣1分 3. 公共线确定不合理，各部位档差标注不明确每处扣1分	20分

思考与练习

综合实训

1. 前后衣片的放码。

2. 领、袖的放码。

习题

1. 叙述前后衣片及领、修片放码的原理和数值。

2. 应用服装CAD软件的打板系统，按照表4-7中的规格和图4-37所示的结构图数据，参照本书中的制图步骤，完成男衬衫板型CAD放码，号型为170/88A。

表4-7

（单位：cm）

部位	衣长	胸围	领围	肩宽	袖长	袖口	前腰节长
规格	71	110	39	46	22	26	42.5

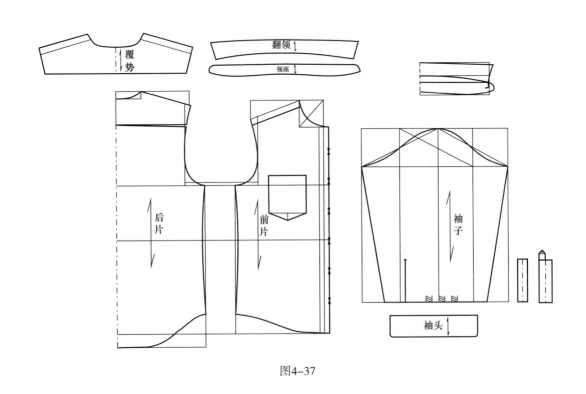

图4-37

任务四　男衬衫CAD板型排料

【任务导入】

我们已经完成了订单样板制作。下面的工作任务是根据面料的幅宽进行排料，如何才能省料。

【任务分析】

排料的目的就是省料，一般大号和小号结合。设置几种不同幅宽的布片，让学生体验，使学生了解为什么要这样设置。

【任务准备】

检查导入样板的每个衣片份数，裁片布纹设置是否合理。布边余留要根据面料情况，要符合企业的生产习惯。

【任务实施】

一、设置唛架

双击进入【RP-GMS】排料系统，按照面料宽度设置唛架。

注意：由于面料幅宽包含布边，根据情况设置面料的上下边界，如图4-38所示。

图4-38

二、导入款式文件

选择打开款式文件，如图4-39所示。

图4-39

三、设置排料套数

根据款式数量选择排料套数，如图4-40所示。

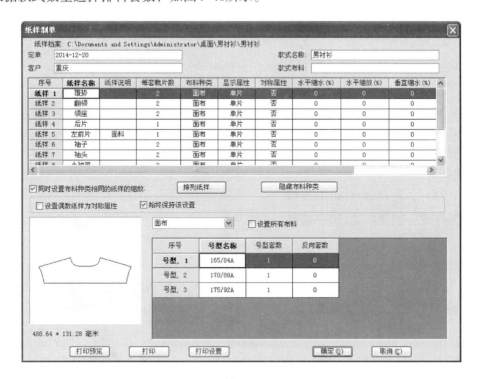

图4-40

四、选择排料方式

根据客户要求选择排料方法，如图4-41所示。

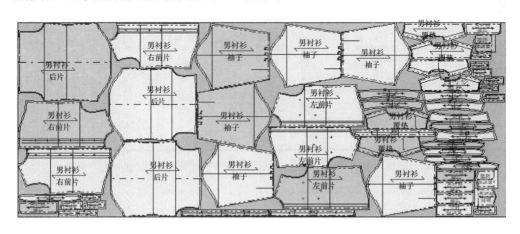

图4-41

【任务小结】

本任务从实际生产出发，合理安排学习任务，通过"任务实施"从如何导入个号型样板入手，到如何设置唛架，设置排料套数，以及排料方式。完全按照企业生产实际情况模拟实施。

【任务评价】

表4-8

内容	评分项目	评分点	扣分说明（扣完为止）	分值
男衬衫CAD板型排料	样板排料	1. 样板丝缕摆放准确（3分） 2. 排料合理（4分） 3. 面料、衬料用布适宜（8分）	1. 样板丝缕摆放不准确扣2分 2. 排料不合理扣4分 3. 面料用布不适宜扣2分，衬料用布不适宜扣2分	15分

思考与练习

综合实训

1. 导入样片，按照幅宽144cm排料。

2. 导入样片，按照幅宽150cm排料。

习题

1. 论述排料的过程。

2. 应用服装CAD软件的打板系统，按照表4-9中的规格和图4-42所示的结构图数据，参照教材中的制图步骤，完成基础男衬衫的CAD排料，号型为170/88A，面料宽度144cm。

表4-9　　　　　　　　　　　　　　　　　　　　　（单位：cm）

部位	衣长	胸围	领围	肩宽	袖长	袖口	前腰节长
规格	71	110	39	46	22	26	42.5

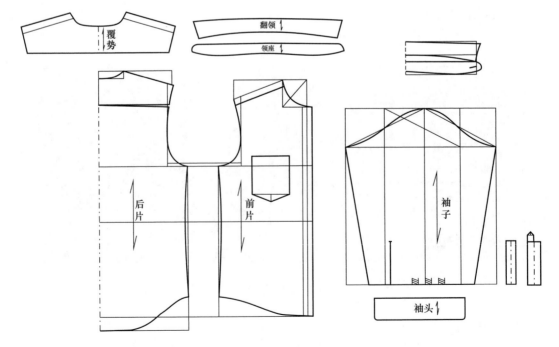

图4-42

第五单元　男西服板型制作与放码

学习任务

西服是我们日常穿用最为广泛和普遍的服装。在欧洲，西服是以短上衣的形式最早出现于法国大革命时期（1789～1794 年）的平民装束，这与当时上流社会男士普遍衣长及膝的长上衣相比，更便于平民的劳动和生活。到了 19 世纪中叶，随着资本主义的发展，平民中出现了许多新兴的中产阶级，他们不屑于贵族的服装与服饰礼仪，因此便开始出现了造型更为便捷的套装式西服。早期的西服衣长较长，也很宽松，后来就逐渐变得较为合体。所以一直到今天，西服套装都一直随着社会的发展，始终在不断地完善与改进，逐渐形成了现代男子套装的基本格式。在经历了 200 余年的不断发展、完善与沉淀之后，西服套装无论是它的造型、结构还是着装方式，都已经形成了一定的格式、内涵和规范。对于现代西服来说，能够改变的只是它的细节，而它的基本格式和内涵已是无法改变的，这也正是今天西服的魅力之所在了。

西服根据不同的场合和用途又被分为日常西服、运动西服、休闲西服几种类型。

虽然现代西服在外观上没有太多变化，但是如果我们仔细观察，不难发现当今的男西服更注重"内功"，追求造型、材料与合理的工艺技术之美。本单元以经典男西服工业样板制作为主，学习与之相关的知识。

总体目标

1. 明确西服的款式特点，学会使用原型根据款式要求完成工业制板设计，并能达到质量要求。

2. 明确西服的款式特点，学会根据款式要求完成制板、放缝、推板、排料并能达到质量要求。

重点提示

任务一　使用 CAD 制板时，准确把握各部位的尺寸。

任务二　使用 CAD 放缝时，注意缝边的形状和剪口部位的设置。

任务三　使用 CAD 放码时，处理袖山和袖窿的关系及领子和领座上领点的对应关系。

任务四　使用 CAD 排料时，掌握排料的套数设定，排料方式的选择。

任务一　男西服CAD板型制作

【任务导入】

通过完成男西服的制作任务，加深对男西服的款式特征、衣着要求等基本知识的掌握，在学习制作工艺的同时，锻炼学生动手操作的能力，拓展内容使学生在掌握主要任务的同时，启迪思维，开拓思路。任务评价使学生能够养成良好的学习习惯，严格把握质量关，精工细作，使学生能够牢固掌握技能，为后面的学习打好基础。

【任务分析】

通过男西服的样板设计订单，加深对男装的款式特征、衣着要求等基本知识的掌握，在学习制板的同时，锻炼学生的动手能力，拓展内容使学生启迪思维，开拓思路。任务评价使学生能够养成良好的学习习惯，严把质量关，精工细作，使学生能够牢固掌握技能，为后面的学习打好基础。

【任务准备】

西服作为日常的套装广泛地被男性穿用。衣身为六片结构，平驳领，单排两粒扣，圆摆。左胸手巾挖袋，前腰下两个双嵌线带盖挖袋，前腰做省，袖子为两片西服袖，袖口开衩并缝三至四粒装饰扣。

面料选用：日常西服，可选择各种颜色的精纺毛料、毛涤混纺、化纤及仿毛面料等。

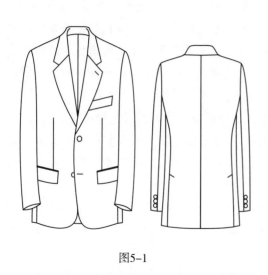

图5-1

【任务实施】

一、男西服款式说明及尺寸规格

本款西装为平驳头，单排两扣，前下摆圆角，左前胸手巾袋一只，前片左右各设一只双嵌线袋且装袋盖，袖子为两片袖结构，袖口开衩钉三粒扣，如图5-1所示。

二、制图规格表（表5-1）

表5-1 男西服成品规格尺寸 （单位：cm）

部位	165/84A	170/88A	175/92A	档差
领大	38	39	40	1
衣长	70	72	74	2
肩宽	44.8	46	47.2	1.2
胸围	106	110	114	4
净腰围	70	74	78	4
净臀围	86	90	94	4
背长	41.5	42.5	43.5	1

续表

部位	165/84A	170/88A	175/92A	档差
袖长	58.5	60	61.5	1.5
袖口	14	14.5	15	0.5

三、样板示意图

如图5-2所示为男西装裁剪样板示意图，是男西服所有样板，可根据客户要求和企业的生产习惯自行调整。

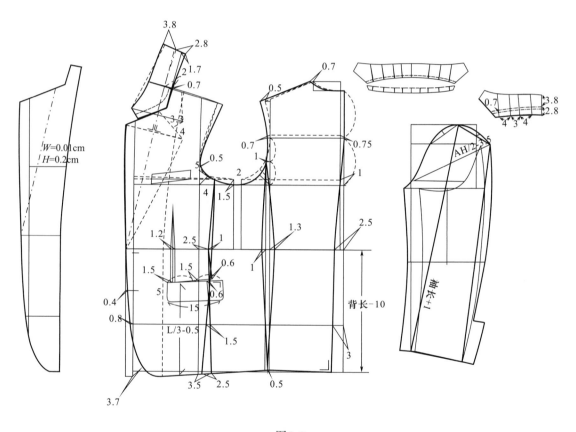

图5-2

四、西服板型制作

日常西服参考尺寸见表5-2所示。

表5-2

号型	部位	衣长	胸围	肩宽	背长	腰围
170/88A	尺寸	75	110	46	42.5	78

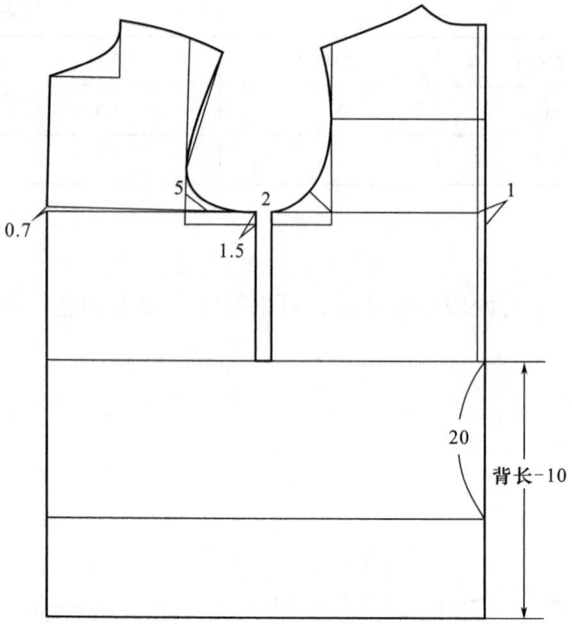

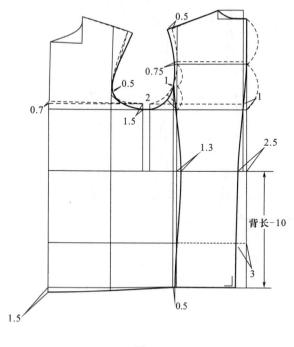

图5-3

图5-4

1. 做基础线

（1）选择【智能笔】工具，下摆线由后颈侧点往下75cm定出。原型法下摆线由腰节线向下32.5cm定出，这个长度是按照原型背长42.5cm减10cm定出，如图5-3所示。

（2）胸围的放松量，加放18cm，原型松量为16cm，西服在制图时后背中缝和后侧缝收腰时会消耗掉4cm，要在原型基础上需要追加6cm的松量。制图时半胸围的加放量3cm，其中1cm在后中缝加出，2cm在前后侧缝中加出，如图5-3所示。

（3）袖窿深线调整，按原型制图中半胸围宽松量追加1.5cm（3cm的1/2），向下定出，如图5-3所示。

（4）前中心胸围线剪开，由于男性胸肌发达，要把前片原型的前中线在胸围线上剪开，并向上提高0.7cm，如图5-3所示。

（5）选择【智能笔】工具，由腰节线往下20cm，或按背长的1/2-1cm定出，如图5-3所示。

（6）原型背宽与胸宽垂线：分别以原型的背宽和胸宽作垂线至底边衣长线，这也是六片结构的基础线，如图5-3所示。

2. 后片制板

（1）选择【智能笔】工具，后颈点由后中心线向外加宽1cm。后领宽也就在原型的基础上加宽了1cm，如图5-4所示。

（2）选择【智能笔】工具，侧肩点向上提高0.5cm，按照肩宽大小重新画顺后肩斜线，如图5-4所示。

（3）背宽：由于袖窿深下落1.5cm，背宽线按照袖窿深下落1.5的1/2向下调整0.75cm。选择【智能笔】工具，重新画出背宽横线，如图5-4所示。

（4）前后肩宽：后肩宽按照肩宽/2计算得出，在原型中修正，前小肩线小于后小肩线

0.7cm，如图5-4所示。

（5）袖窿弧线：前胸宽在袖窿深线上5cm处向外加宽0.5cm，根据肩宽确定。背宽在背宽横线上加宽0.7cm，稍大于胸宽0.2cm。在背宽垂线上由袖窿深线与背宽横线的中点处加宽1cm，然后重新画顺西服的袖窿弧线，如图5-4所示。

（6）腋下片后侧缝辅助线，选择【智能笔】工具 ✐，由原型后背宽垂线出1cm处的袖窿弧线上向下作垂线至底边线画出，如图5-4所示。

（7）后背中缝线：选择【智能笔】工具 ✐，在腰线处劈进2.5cm。臀围线处劈进3cm，并连直线至底边线。上侧先由腰线与背宽横线处连直线，弧线画顺，如图5-4所示。

（8）后片底边：选择【智能笔】工具 ✐，在底边用作后中缝的直角线方式画出，如图5-4所示。

（9）后片侧缝：选择【智能笔】工具 ✐，在原型背宽垂线与腰节线处收腰1.3cm，下摆宽按照臀围大小定出，一般由后背宽与臀围交点向外0.5～0.8cm确定，如图5-4所示画顺。

3. 前片制板

（1）前底边线：选择【智能笔】工具 ✐，先由前中心衣长线处下落1.5cm，与后侧缝底连线，画顺弧线，如图5-5所示。

（2）腋下片后侧缝：选择【智能笔】工具 ✐，在腰线上收腰1cm画顺，如图5-4所示。

（3）前侧缝：选择【智能笔】工具 ✐，由原型的前胸宽垂线与袖窿深线向后片4cm处定点，腰线处出2.5cm底边线处出3.5cm，画顺，如图5-5所示。

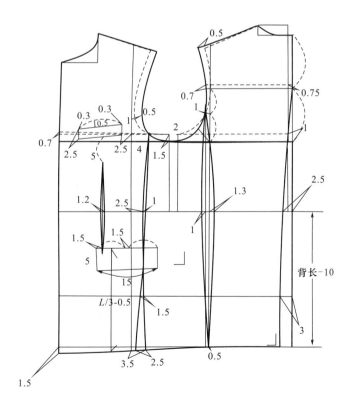

图5-5

（4）腋下片前侧缝：选择【智能笔】工具 ，以前片侧缝线为依据画出，袖窿处为同一点，腰线处省掉1cm，在臀围线上重叠1.5cm，底边线上重叠2.5cm，然后连线画顺，如图5-5所示。

（5）大袋位：选择【智能笔】工具 ，在前胸宽垂线上，由底边线往上按衣长1/3-0.5cm= 24.5cm来确定。袋口线与底边线平行，袋口中点向前偏1.5cm，袋口宽15cm，袋盖宽5cm，袋盖前侧与前中心心线平行袋盖后侧与袋口垂直，如图5-5所示。

（6）手巾袋位：选择【智能笔】工具 ，在原型胸围线高定出，距胸宽线2.5cm，袋翻长10.5cm，宽2.5cm，斜度为袋宽的1/2。袋口左上角向外飘出0.3cm，如图5-5所示。

（7）前腰省位：选择【智能笔】工具 ，由大袋口靠近止口方向，量进1.5cm，然后向上作垂直延长线，上省尖距手巾袋位5cm，腰省宽1.2cm，如图5-5所示。

4. 翻驳领和过面制板

（1）扣位：两粒，选择【智能笔】工具 ，上扣在腰节线下1cm处，第二扣距第一扣10cm左右，如图5-6所示。

（2）搭门宽：选择【智能笔】工具 ，画出搭门宽2cm，如图5-6所示。

（3）翻驳线：选择【智能笔】工具 ，由肩斜向外延长2cm定出，与腰节线和止口线的交点连接，做出翻驳线，如图5-6所示。

（4）串口线：选择【智能笔】工具 ，将原型领下落1cm画出。也可以根据实际效果画出，如图5-6所示。

（5）驳头宽：选择【智能笔】工具 ，由翻驳线上坐直角至串口线定出8.5cm，画顺弧线，如图5-6所示。

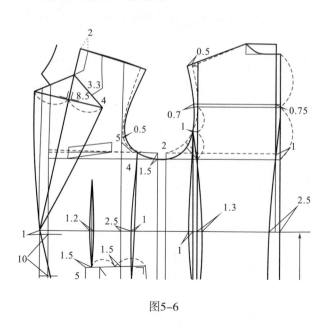

图5-6

（6）圆摆止口弧线：选择【智能笔】工具 ，由第二粒扣眼位与止口线交点吸进0.4cm，搭门线与臀围线交点向外放出0.8，底边由中心线进6cm。作圆摆画顺，如图5-7所示。

（7）翻领：选择【智能笔】工具 ，后领倒伏量1.7cm。后领座高2.8cm，前领宽3.3cm，如图5-7所示。

（8）过面：选择【智能笔】工具 ，肩宽处宽3cm，腰节处宽10cm，弧线画顺，如图5-7所示。

（9）腹省：选择【智能笔】工具 ，前胸省袋口位收省1.2cm，如图5-7所示。

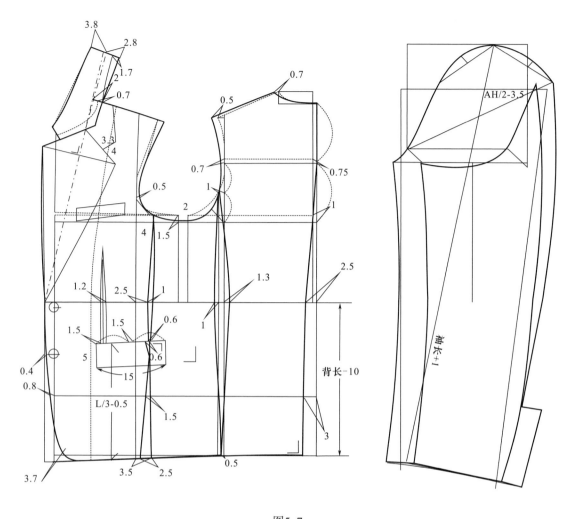

图5-7

技能拓展

西服领破开

（1）选择【智能笔】工具，在领面领脚线的侧颈点处向后前各4cm作剪开线，在把领面沿翻驳线下0.7cm剪开，使领子变成两片结构，如图5-8所示。

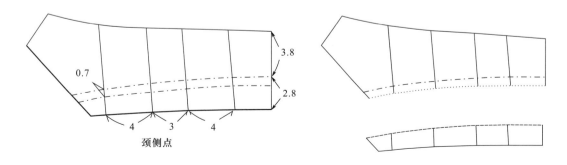

图5-8

（2）使用【分割展开去除余量】工具 ▲▲：如图5-9中①所示，选择领面上三条或者四条分割线收进0.5cm左右，使剪开的翻驳形成如图5-9中②的凹势。再在下领片沿剪开线收进0.5cm量，如图5-9中③所示，使它向上起翘或者变平直，如图5-9中④所示。

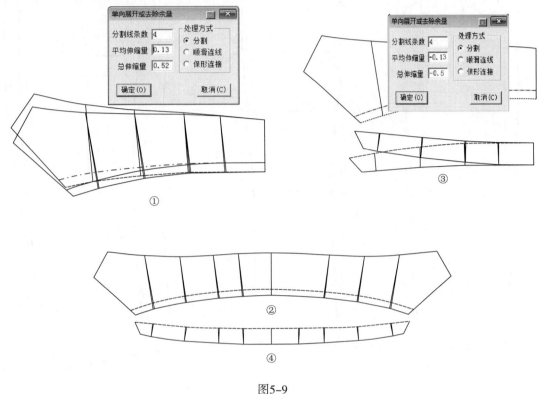

图5-9

5. 袖子制板

（1）袖子基础线：选择【智能笔】工具 ✐，将西服袖窿结构中的相应线条（如背宽线、袖窿对位点、袖窿深线、腰节线等）延长，如图5-10所示。

（2）前袖基础线：选择【智能笔】工具 ✐，如图5-10所示。

（3）袖山高：选择【智能笔】工具 ✐，按AH/3+0.7~1cm，如图5-10所示。

（4）袖宽斜线：选择【智能笔】工具 ✐，由前袖对位点至后背宽横线上按AH/2-3.5cm，如图5-10所示。

（5）袖山高点：选择【智能笔】工具 ✐，按袖宽中点向后2cm偏出，如图5-10所示。

（6）袖长：选择【智能笔】工具 ✐，由袖山高点向下按袖长+1cm量至前袖基础线上定出。袖口按尺寸定出，如图5-10所示。

（7）后肘宽：选择【智能笔】工具 ✐，连接袖口至背宽线，在袖肘处放出2.5cm用弧线画顺，如图5-11所示。

（8）前后袖山弧线：选择【智能笔】工具 ✐，先按西服袖的基本制图方法画出前后袖袖山斜线，然后在前袖山斜线弧出1.3cm，后袖山斜线弧出1cm画顺，如图5-11所示。

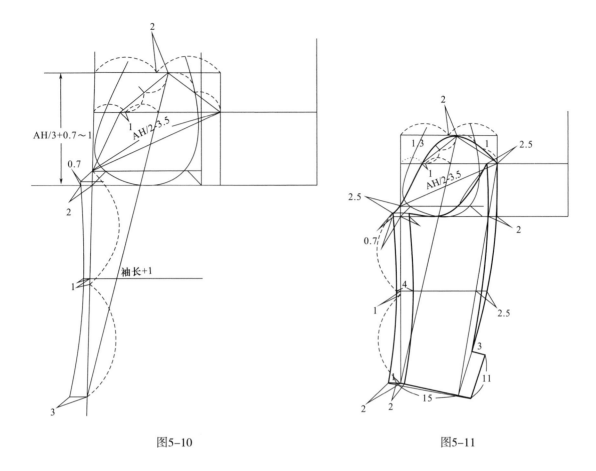

图5-10　　　　　　　　　　　　图5-11

（9）袖大片前侧缝弧线：选择【智能笔】工具 ✎，在袖山深上由前袖垂线放出2cm，肘线处放出1cm，袖口处放出3cm，再用弧线画顺，在袖山深处抬高0.7cm，如图5-11所示。

（10）小袖片：选择【智能笔】工具 ✎，按西服基本袖制图方法画出。开衩长11cm，装饰纽扣四粒，距离袖口3.5cm，距离袖缝1.5cm，扣间距约1.8cm，如图5-12所示。

【任务小结】

本任务从学生实际出发，合理安排学习任务，通过"任务实施"从如何调取男装原型入手，分析了使用男装原型，绘制男装应当注意的几个要点。通过合并省量，变化为三开身的上装，再到腰省、腹省的处理，使学生了解多种工具的使用，板型设计制作线条流畅尺寸符合标准，制图符号标注规范。各个拼接部位检查调整。

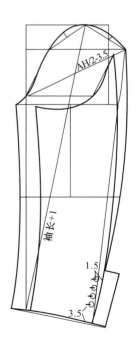

图5-12

【任务评价】

表5-3

内容	评分项目	评分点	扣分说明（扣完为止）	分值
男西服CAD板型制作	样板结构	1. 利用新原型结构设计正确、合理，符合服装款式造型要求，体现电脑纸样设计过程（35分） 2. 线条流畅、规范（30分） 3. 制图符号、对位标志标注正确、清晰，无遗漏（20分）	1. 没有利用新原型进行结构设计的扣5分 2. 上衣前、后片、袖片、领片结构不准确每处扣3分 3. 前、后片、袖片、领片线条不流畅、轮廓线不准确每处扣3分 4. 前、后片、袖片、领片制图符号不正确，有遗漏等每处扣2分 5. 样片遗漏、丢失扣10分 6. 样板包括净样板、零部件，缺其中一种板扣3分 7. 制图符号标注不正确、不清晰，有遗漏每处扣3分	100分
	样板规格	1. 成品规格尺寸与样衣相符（12分） 2. 成品规格不超过行业标准的允许公差（3分）	1. 前、后片、袖片、领片规格尺寸与服装号型以及设计稿的效果符每处扣3分 2. 成品规格超过了行业标准允许的公差扣3分	

思考与练习

综合实训

1. 前后衣片板型制作。

2. 领子的板型制作。

习题

1. 论述男装原型转男西装的操作过程。

2. 应用服装CAD软件的打板系统，按照表5-4中的规格和前面图5-1所示的结构图，参照本书中的制图步骤，完成男西装的CAD制图，号型为175/92A。

表5-4   （单位：cm）

部位	衣长	胸围	肩宽	背长	袖长	腰围
尺寸	77	114	47	42.5	60	78

任务二　男西服CAD板型放缝

【任务导入】

前面我们已经完成，订单的基础样板的制作。下面的工作任务是对基础样板进行加放缝份、确定丝缕方向、打剪口、确定扣眼和纽扣位置。

【任务分析】

根据订单款式资料，确定本款式有无夹里，有夹里底边放缝4cm，无夹里底边放缝2~3cm。本款式是正装男西服，各部位弧线端点的缝型要符合生产要求。缝制后裁片不可变形，尺寸不能改变，剪口位置要符合企业的生产习惯。

【任务准备】

仔细检查各部位线条是否闭合，考虑那些结构线、剪口要在缝制样板中出现，剪口的形状。扣眼的位置确定。

【任务实施】

一、衣片放缝

（1）拾取样片，用【剪刀】工具，选择关键部位结构线，拾取样片，为放码做好准备。

（2）加缝份：用【加缝份】工具，对各部位进行点选或者框选放缝，如图5-13所示。

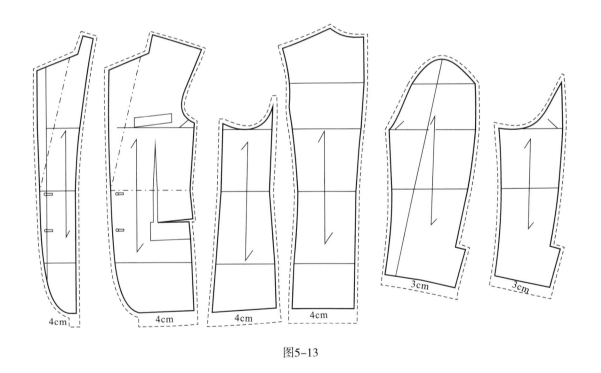

图5-13

♪ 提示

对于弧线、肩缝、领口等特殊部位先选择加缝份工具，再按住【Shift】键调整各部位缝份，使之符合工业化生产的要求，如图5-14所示。

（3）打剪口：使用【剪口】工具，在相应部位打好剪口。剪口分为多种，I、U、T形等可根据需要选用，如图5-15所示。

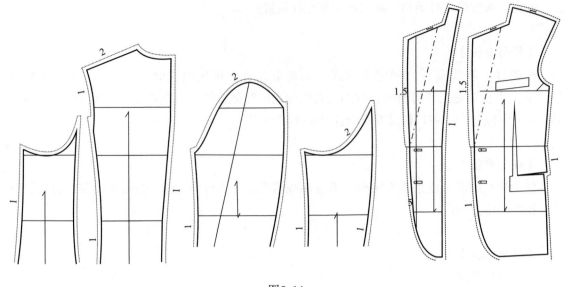

图5-14

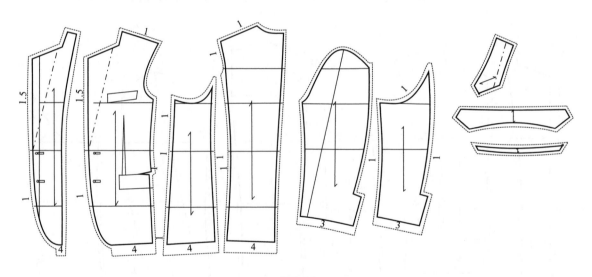

图5-15

（4）布纹线信息：布纹线信息包括号型名、款式名、纸样名、客户名、订单名、布料类型、缩水率等信息，设置好这些信息为查询、制作工艺样板、排料、放码、写工艺单、裁床等提供了基础样板信息。设置好布纹信息是工业化生产关键的一步。布纹线上下方的文字，可根据需求灵活选用，如图5-16所示。

（5）扣眼位：设置扣眼位软件有两种方法可供选择，一种是已知线段长度如图5-17中①，一种是根据门襟长度设定扣眼位置如图5-17中②，还可以根据需要设定扣眼的形状角度等如图5-17中③，如图5-17所示。

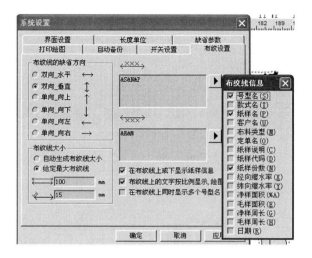

图5-16

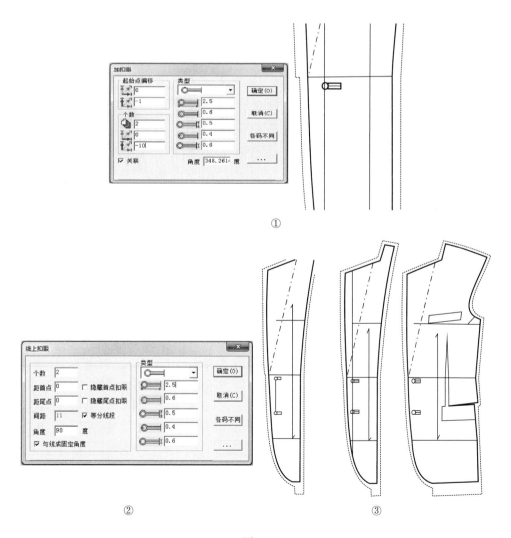

①

②

③

图5-17

二、里料放缝

如图5-17、图5-18所示，实线为款式净样板，虚线为里料加放的缝份。

（1）后背缝在净样基础上加放缝份2cm。

（2）前后肩、加放缝份2.5cm。

（3）底摆在净样的基础上加放2cm、前后袖窿弧线、侧缝加放缝份1.2cm。

（4）前片与过面拼接放缝2cm，如图5-18所示。

（5）内侧袖山在净样基础上加放2cm，袖山加放1.5cm，外侧袖山加放1.8cm，如图5-19所示。

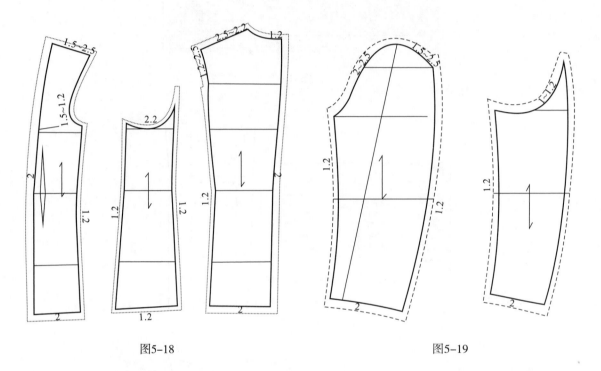

图5-18   图5-19

三、衬料板型制作

1. 衣身衬料样板

（1）前片、过面、领面铺满衬，比净样缩进0.2cm。

（2）后片、后片侧、前片侧按照阴影部分，比净样缩进0.2cm。

（3）底边在净样基础上，加放3.5cm。

2. 袖片衬料样板

（1）大小袖衬料要到袖衩。

（2）袖口在净样基础上加放3.5cm，如图5-20所示。

【任务小结】

本任务从实际生产出发，合理安排学习任务，通过"任务实施"从如何拾取样片入手，到加放缝份、布纹线信息、加扣眼位置再到里料、衬料的样板制作，使学生全方位的了解了

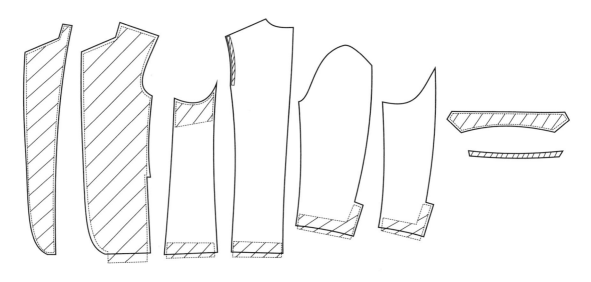

图5-20

面料样板、里料样板、衬料样板的制作。

【任务评价】

任务评价见表5-5。

表5-5

内容	评分项目	评分点	扣分说明（扣完为止）	分值
男西服CAD板型放缝	样板放缝	1. 放缝准确、均匀（5分） 2. 转角处理准确、圆顺（5分） 3. 衬料样板与面料样板配伍适宜，放缝准确、合理（5分）	1. 前、后片、袖片、领片放缝不准确、不均匀每处扣2分 2. 领口、肩端、侧缝、袖山等转角处理不圆顺，不到位每处扣2分 3. 衬料与面料配伍不合适每处扣2分	15分

思考与练习

综合实训

1. 衣片加缝份、剪口位置。

2. 填写款式资料、纸样资料、设置布纹线信息。

3. 添加扣眼和纽扣位置。

4. 里料缝份。

5. 衬料缝份。

习题

1. 叙述衣片加缝份工具、剪口工具操作要领。

2．叙述加扣眼、设置纽扣的操作要领。

3．款式资料、纸样资料、布纹线的设置方法。

4．应用服装CAD软件的打板系统，按照表5-6中的规格，参照本书中的制图步骤，完成基础男西装工业样板的CAD制图，号型为175/92A。

表5-6 　　　　　　　　　　　　　　　　（单位：cm）

部位	衣长	胸围	肩宽	背长	袖长	领大	净腰围
规格	74	114	47.2	43.5	61.5	40	78

任务三　男西服CAD放码

【任务导入】

我们已经完成，订单的基础样板的制作。下面的工作任务是根据基础样板来放码。

【任务分析】

样片放码，衣片结构不能有变化，特别注意尺寸、弧线形状外观。

【任务准备】

检查基础样板的放码点，设置是否合理。各部位的档差要符合企业的生产习惯。

各部位放缩值和放缩说明如下：

（1）设置各部位档差数值，如图5-21所示。

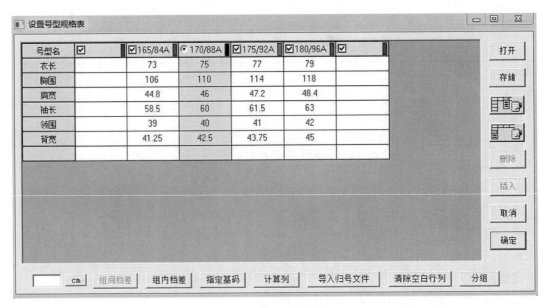

图5-21

（2）使用【颜色设置】工具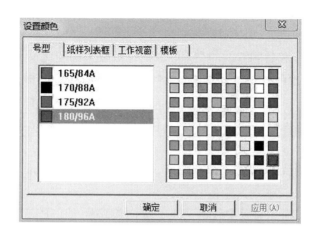修改号型显示的颜色，如图5-22所示。

图5-22

【任务实施】

一、衣片推档

1. 后中片推档

基准线的确定：纵向的基准线为后中线。横向的基准线为胸围线，如图5-23所示。

（1）点A：后中点，纵向放缩量为袖窿深档差，根据男装原型袖窿深的计算公式：净胸围/6+8.5，胸围档差为4cm，所以点A纵向放缩量为0.68cm（4/6）。横向不缩放，如图5-23所示。

（2）点B：侧颈点，纵向放缩量为0.7cm。横向缩放横开领差，由于领大档差为1cm，所以横向放缩量为领大差/5=0.2cm，如图5-23所示。

（3）点C：肩点，纵向放缩量为0.55cm。横向放缩量为肩宽差/2，为0.6cm，如图5-23所示。

（4）点D：后背宽，因为该点位于袖窿深的中点，纵向放缩量为袖窿深差/2，为0.35cm。横向放缩量为0.6cm，如图5-23所示。

（5）点E：后袖窿弧线和后片侧缝的交点，该点位于胸围线和背宽线的中点，而背宽线变化了0.35cm，所以点E纵向放缩量为0.17cm。横向放缩量为0.6cm，如图5-23所示。

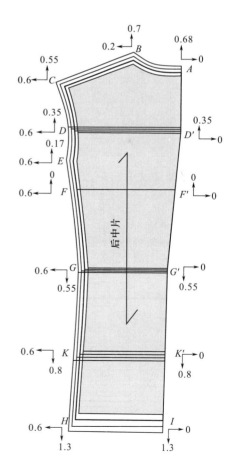

图5-23　后中片推档图

（6）点F：胸围线和后侧缝线的交点，纵向不缩放。横向放缩量为0.6cm，如图5-23所示。

（7）点F'：胸围线和后中线的交点，推档的基点，是不动之点，所以不缩放，如图5-23所示。

（8）点G：腰节线和后侧缝线的交点，纵向缩放腰节的变化量。腰节档差为1.25cm，因为胸围线以上已经变化了0.7cm，所以点G纵向放缩量为0.55cm。横向放缩量为0.6cm，如图5-23所示。

（9）点G'：后中线和腰节线的交点，纵向放缩量为0.55cm，横向不缩放，如图5-23所示。

（10）点K：臀围线和后侧缝线的交点，纵向放缩量为0.8cm，横向缩放0.6cm，如图5-23所示。

（11）点K'：臀围线和后中线的交点，纵向放缩量为0.8cm，横向不缩放，如图5-23所示。

（12）点H：衣长线和后侧缝线的交点，纵向放缩量为衣长的变化量，衣长档差为2cm，因为胸围线以上已经变化了0.7cm，所以该点纵向放缩量为1.3cm，横向放缩量为0.6cm，如图5-23所示。

（13）点I：衣长线和后中线的交点，纵向放缩量为1.3cm，横向不缩放，如图5-23所示。

2. 前中片推档

基准线的确定：纵向的基准线为胸宽线。横向的基准线为胸围线，如图5-23所示。

（1）点A：肩点，纵向放缩量为袖窿深差0.55cm。横向放缩量为0.6cm，由于止口放缩量为0.4，肩点缩放0.6-0.4=0.2cm，如图5-24所示。

（2）点B：侧颈点，纵向放缩量为0.7cm，横向放缩量为肩宽差/2，由于横开领差为0.2cm，所以点B横向放缩量为0.6-0.2=0.4cm，如图5-24所示。

（3）点C：领折点，纵向放缩量为直开领差，直开领变化为0.2cm，由于点B已经缩放了0.7cm，所以点C纵向放缩量为0.7-0.2=0.5cm。横向放缩量为0.4cm，如图5-24所示。

（4）点D：驳口顶点，放缩值同点C，如图5-24所示。

（5）点E：驳头宽，纵向放缩量为0.5cm，横向放缩量为0.4cm，如图5-24所示。

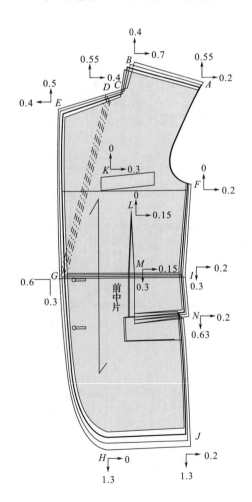

图5-24 前中片推档图

（6）点F：胸围线和袖窿线的交点，纵向不缩放。该点距胸宽线的位置不变，所以横向不缩放，如图5-24所示。

（7）点G：翻驳点，因为翻驳点在腰节线上，纵向放缩量为腰节变化量，为0.3cm。横向放缩量为0.6cm，如图5-24所示。

（8）点H：门襟摆点，纵向放缩量为衣长的变化量，衣长档差为2cm，由于胸围线以上已经缩放0.7cm，所以该点纵向放缩量为1.3cm。横向放缩量为0.6cm，如图5-24所示。

（9）点I：腰节线和侧缝线的交点，纵向放缩量为0.3cm，横向放缩量为0.2cm，如图5-24所示。

（10）点J：衣长线和侧缝线的交点，纵向放缩量为1.3cm，横向放缩量为0.2cm，如图5-24所示。

（11）点K：手巾袋长度变化0.3cm。纵向不缩放，横向放缩量为0.3cm，如图5-24所示。

（12）点L：省尖点，省尖点到手巾袋的位置不变，所以纵向不缩放。因为该点处于手巾袋的中部，所以横向放缩量为0.3/2=0.15cm，如图5-24所示。

（13）点M：胸省，纵向同腰节放缩量为0.3cm。横向放缩量为0.15cm，如图5-24所示。

（14）点N：大袋位，纵向放缩袋位的高低，西服袋位的确定方法为下摆线向上量取衣长/3，所以该点纵向缩放衣长差-袖窿深差-衣长差/3=0.63cm，横向放缩量为0.2cm，如图5-24所示。

（15）点P：大袋端点，纵向放缩量为0.63cm，横向放缩量为0.15cm，如图5-24所示。

3. 侧片推档

基准线的确定：纵向的基准线为前侧缝线，横向的基准线为胸围线，如图5-25所示。

（1）点A：袖窿线和前侧缝线的交点，是推档的基点，纵向不缩放，横向放缩量为0.2cm，如图5-25所示。

（2）点B：胸围线和后侧缝线的交点，纵向不缩放。横向缩放胸围的变化量，每个号型的半胸围差是2cm，由于后片的胸围和前片的胸围各变化了0.6cm和0.8cm，点A缩放了0.2cm所以点B横向放缩量为0.4cm，如图5-25所示。

（3）点C：袖窿线和后侧缝线的交点，纵向放缩量为0.17cm，同后片的点E。横向放缩量为0.4cm，如图5-25所示。

（4）点D：腰节线和后侧缝线的交点，纵向放缩量为0.3cm，横向放缩量为0.4cm，如图5-25所示。

（5）点E：衣长线和后侧缝线的交点，纵向放缩量为1.3cm，横向放缩量为0.4cm，如图5-25所示。

（6）点F：腰节线和前侧缝线的交点，纵向放缩

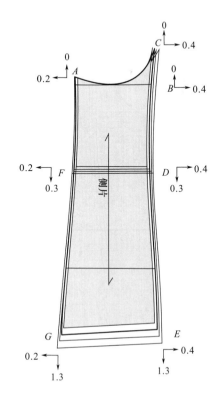

图5-25 侧片推档图

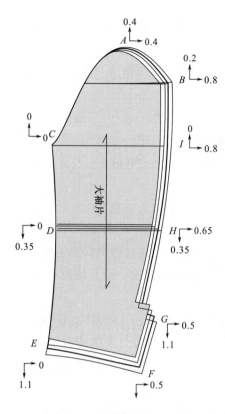

图5-26 大袖片推档图

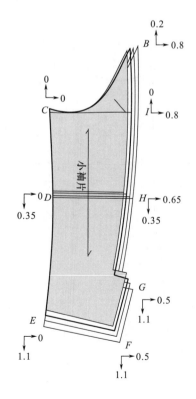

图5-27 小袖片推档图

量为0.3cm，横向放缩量为0.2cm，如图5-25所示。

（7）点G：衣长线和前侧缝线的交点，纵向放缩量为1.3cm，横向放缩量为0.2cm，如图5-25所示。

二、袖片推档

基准线的确定：纵向的基准线为内袖缝线，横向的基准线为袖肥线。

1. 大袖片推档

（1）点A：袖山点，袖山高，根据袖山高的计算公式：胸围/10+5.5cm，胸围档差为4cm，所以纵向放缩量为0.4cm。横向放缩量按照袖肥档差的1/2，0.4cm，如图5-26所示。

（2）点B：袖山线和外袖线的交点，纵向放缩量为0.2cm，横向的放缩量为0.8cm，如图5-26所示。

（3）点C：袖山和内袖缝的交点，纵向不缩放，横向不缩放，如图5-26所示。

（4）点D：内袖缝和袖肘线的交点，纵向放缩量为袖长档差一半减去袖山档差，0.75-0.4=0.35cm，横向不缩放，如图5-26所示。

（5）点E：内袖缝和袖口线的交点，纵向放缩量为袖长差，袖长档差为1.5cm，由于袖肥线以上已经变化了0.4cm。所以该点纵向放缩量为1.1cm，横向不缩放，如图5-26所示。

（6）点F：袖口大，纵向放缩量为1.1cm，横向放缩量为袖口档差0.5cm，如图5-26所示。

（7）点G：袖衩，同点F，如图5-26所示。

（8）点I：袖山和外袖缝的交点，纵向不缩放。横向放缩量为按1/4胸围0.8cm，如图5-26所示。

（9）点H：外袖缝和袖肘线的交点，纵向放缩量为袖长档差一半减去袖山档差，0.75-0.4=0.35cm，横向放缩量为按袖肥和袖口之和的一半0.8+0.5/2=0.65，如图5-26所示。

2. 小袖片推档

（1）点C：同大袖的点C，纵向和横向都不缩放，如图5-27所示。

（2）点D：同大袖的点D，纵向放缩量为0.35cm，横向不缩放，如图5-27所示。

（3）点E：同大袖的点E，纵向放缩量为1.1cm，横向不缩放，如图5-27所示。

（4）点H：小袖山弧线和外袖缝的交点，纵向放缩量为0.35cm，横向放缩量为按袖肥和袖口之和的一半0.8+0.5/2=0.65，如图5-27所示。

（5）点F：同大袖的点F，纵向放缩量为1.1cm，横向放缩量为0.5cm，如图5-27所示。

（6）点G：同点F，如图5-27所示。

（7）点I：袖山和外袖缝的交点，纵向不缩放，横向放缩量为按1/4胸围0.8cm放缩量，如图5-27所示。

三、领子放码

1. 领底弧线放码

延长肩斜线分别得到点B'、点B_2、点B_1，西服领子在领口上设计是比较科学的。点B'、点B_2、点B_1的纵差和横差均和点B相同。

点C的纵差和横差均和点C、点D、点N_1、点N'相同，如图5-28所示。

使用拷贝【点放码量】工具 ，分别拷贝点B放码量至点B'、点B_2、点B_1，如图5-28所示。使用拷贝【点放码量】工具 ，分别拷贝点C放码量至点C、点D、点N_1、点N'，如图5-28所示。

点M、点M_1、点M_2纵差为：点A纵差+后领口底部弧线变化量（约为0.2）=0.7+0.2=0.9cm

点M、点M_1、点M_2横差：同点A横差=0.2，dY输入档差0.9，dX输入档差0.2，由于领子现在处于倾斜状态，使用【角度放码】工具 ，进行放码，如图5-28所示。

2. 西服领破领的放码

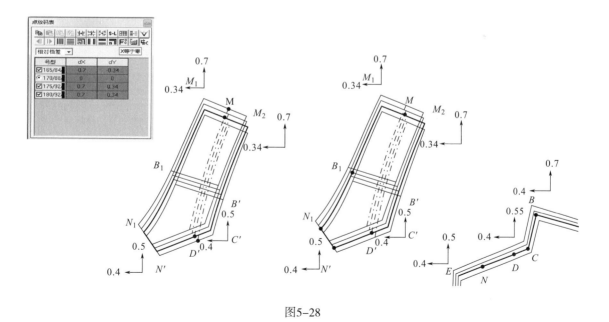

图5-28

（1）上领：使用【拷贝点放码量】工具 ，分别拷贝点N'放码量至点n，点D'放码量至点d，点M'放码量至点m，如图5-29所示。

（2）下领：使用【拷贝点放码量】工具，分别拷贝，点C'放码量至点c，点M_2'放码量至点M_2，如图5-29所示。

其他点放码量与领子相同。

四、西服胸带放码

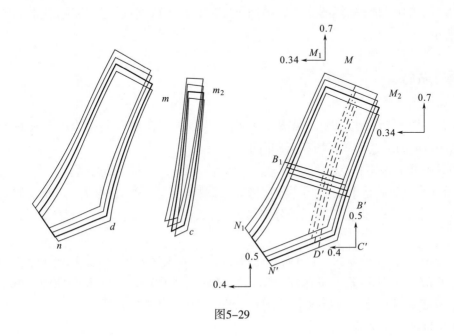

图5-29

（1）使用【角度放码】工具，选择后切线方向，横向缩放0.3cm，如图5-30所示。

（2）使用【纸样对称】工具，对称胸带，如图5-30所示。

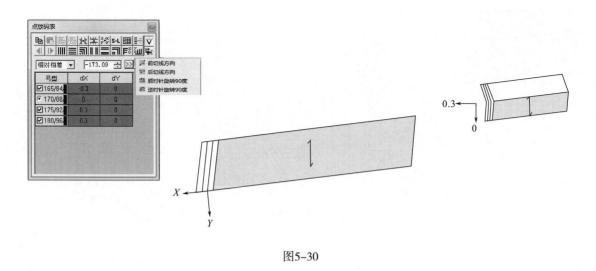

图5-30

五、西服袋盖放码

使用【角度放码】工具，选择前切线方向，dX方向放缩量为0.4cm，如图5-31所示。

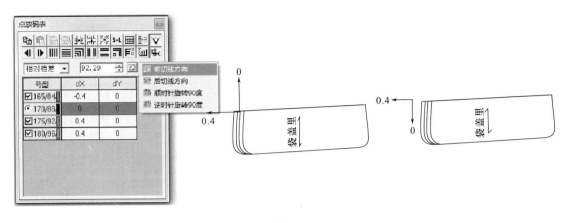

图5-31

【任务小结】

本任务从实际生产出发，合理安排学习任务，通过"任务实施"，详细的叙述了各部位放码的原理，学生不必死记硬背，通过计算可以得到个放码点的数值。介绍了如何放码样片不变形，介绍了如何检查放码量。采用多种方法和手段放码，确保个号型样板的准确性。

【任务评价】

任务评价见表5-7。

表5-7

内容	评分项目	评分点	扣分说明（扣完为止）	分值
男西服CAD板型放码	放码	1. 样板放码码数齐全、部件完整、线条缩放后走形符合款式造型要求（12分） 2. 纱向、裁片数、对位记号标注齐全、准确无误（5分） 3. 公共线确定合理，各部位档差标注明确（3分）	1. 样板放码码数不齐全、部件漏项、线条缩放后走形的、档差数不规范每处扣5分 2. 纱向、裁片数、对位记号标注不准确，不齐全扣每处扣1分 3. 公共线确定不合理，各部位档差标注不明确每处扣1分	20分

思考与练习

综合实训

1. 前后衣片的放码。

2. 袖子的放码。

3. 领子的放码。

习题

1. 叙述前后衣片放码的原理和数值。

2. 叙述袖子领子的放码原理和数值。

3. 应用服装CAD软件的打板系统，按照表5-8中的规格，参照本书中的制图步骤，完成基础男西装工业样板的CAD制图，号型为175/92A。

表5-8　男西服成品规格尺寸　　　　　　　　　　　　　　（单位：cm）

部位	165/84A	170/88A	175/92A	档差
领围	38	39	40	1
衣长	70	72	74	2
肩宽	44.8	46	47.2	1.2
胸围	106	110	114	4
净腰围	70	74	78	4
净臀围	86	90	94	4
背长	41.5	42.5	43.5	1
袖长	58.5	60	61.5	1.5
袖口	14	14.5	15	0.5

任务四　男西服CAD板型排料

【任务导入】

我们已经完成订单样板的制作。下面的工作任务是根据面料的幅宽进行排料，学习如何才能省料。

【任务分析】

排料的目的就是省料，一般大号和小号结合。设置几种不同幅宽的布片，让学生体验，使学生了解为什么要这样设置。

【任务准备】

检查导入样板的每个衣片份数，裁片布纹设置是否合理。布边余留要根据面料情况，要符合企业的生产习惯。

【任务实施】

一、设置唛架

双击█进入RP-GMS排料系统，按照面料宽度设置唛架。

注意：由于面料幅宽包含布边，大家根据情况设置面料的上下边界，如图5-32所示。

二、导入款式文件

选择【文档】→【打开款式文件】，如图5-33所示。

图5-32

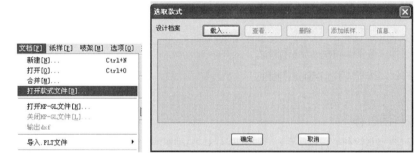

图5-33

三、设置排料套数

根据款式数量选择排料套数，如图5-34所示。

【任务小结】

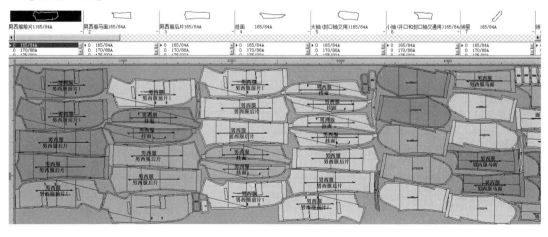

图5-34

本任务从实际生产出发，合理安排学习任务，通过"任务实施"从如何导入号型样板入手，到设置唛架、设置排料套数以及设置排料方式。完全按照企业生产实际情况模拟实施。

【任务评价】

任务评价见表5-9。

表5-9

内容	评分项目	评分点	扣分说明（扣完为止）	分值
样板排料		1. 样板丝缕摆放准确（3分） 2. 排料合理（4分） 3. 面料、衬料用布适宜（8分）	1. 样板丝缕摆放不准确扣2分 2. 排料不合理扣4分 3. 面料、用布不适宜各扣2分，衬料用布不适宜扣2分	15分

思考与练习

综合实训

1. 导入样片，按照幅宽144cm排料。

2. 导入样片，按照幅宽150cm排料。

习题

1. 论述排料的过程。

2. 应用服装CAD软件的打板系统，按照表5-10中的规格，参照本书中的制图步骤，完成基础男西装工业样板的CAD制图，号型为175/92A。

表5-10　男西服成品规格尺寸 （单位：cm）

部位	165/84A	170/88A	175/92A	档差
领大	38	39	40	1
衣长	70	72	74	2
肩宽	44.8	46	47.2	1.2
胸围	106	110	114	4
净腰围	70	74	78	4
净臀围	86	90	94	4
背长	41.5	42.5	43.5	1
袖长	58.5	60	61.5	1.5
袖口	14	14.5	15	0.5

第六单元　平驳领女上衣板型制作与放码

用服装CAD软件按照所给定的款式和数据进行公主线开刀平驳领女上衣制图，并保存结果，本项目为服装样板设计制作工技能考核中，服装CAD部分的考核要求之一。

学习任务

女上衣以休闲装、职业套装为代表。随着生活方式的改变，服装风格也在不断变化。休闲装正在成为一种主流，在一些较为正式的场合越来越多地看到休闲装的影子有着巨大的市场竞争力。

随着社会经济的发展和女性地位的提高，女装越来越时尚化、个性化，活跃的套装有着非常广阔的市场。在如今生活方式个性化和价值观多样化的社会中，套装作为女装中一个重要类别被更多地认可，像制服、休闲套装及正式礼服等，用于许多场合。

本项目以女式上衣为代表，学习与之相关的知识。

总体目标

1. 了解新工具的使用方法，掌握平驳领女上衣结构制板的一般规律。

2. 熟练使用CAD绘制平驳领女上衣前后衣片、领、袖子，并掌握其放缝方法。

3. 掌握平驳领女上衣前后衣片、领、袖子放码方法。

4. 能够使用CAD对平驳领女上衣样片排料制作。

重点提示

任务一　使用CAD原型转省时，准确把握各部位的尺寸。

任务二　使用CAD放缝时，注意缝边的形状和剪口部位的设置。

任务三　使用CAD放码时，正确处理袖山和袖窿的关系及领子和领座上领点的对应关系。

任务四　使用CAD排料时，掌握排料的套数设定，排料方式的选择。

任务一　平驳领女上衣CAD板型制作

【任务导入】

某服装企业新取得某公司订单，要求生产适合春秋季节在办公室或者其他行业上班时穿着的女装上衣，色彩素雅、面料考究、裁剪合体。

【任务分析】

适合办公室或者上班穿着的女上衣，不但款式上要求既时尚又不失典雅、大方，裁剪上要求合体、精细，还要适应现代化生产的需要、工艺简洁、外形美观、适身合体。

【任务实施】

一、款式说明

如图6-1所示，此款为单排扣，平驳领公主线型女上衣。前中钉扣三粒，左右各设一双嵌线口袋，并装袋盖。

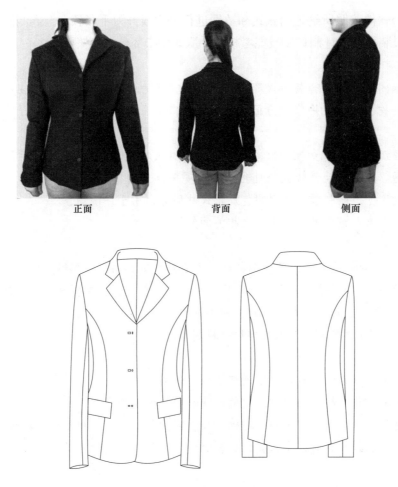

图6-1

二、结构制图规格表

表6-1　平驳领女上衣成品规格尺寸　　　　　　　　　　　　　（单位：cm）

部位	155/80A	160/84A	165/88A	档差
领大	35	36	37	1
衣长	61	63	65	2
肩宽	39	40	41	1

续表

部位	155/80A	160/84A	165/88A	档差
胸围	90	94	98	4
腰围	74	78	82	4
臀围	94	98	102	4
袖长	53.5	55	56.5	1.5
袖口	12.5	13	13.5	0.5

三、前后片板型制作

如图6-2所示是此款式所有的样板，不可缺少。可根据企业的生产习惯自行调整。

（1）绘制出女装原型或直接从【加入调整工艺图片】工具 ▦ 中调出原型，如图6-3所示。

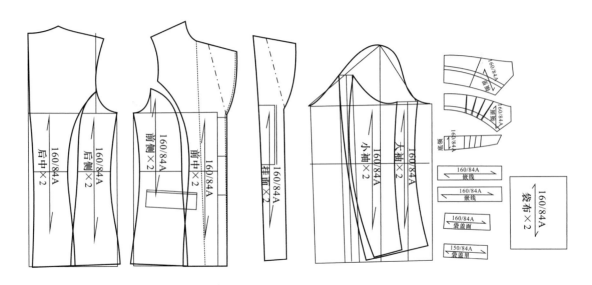

图6-2

（2）用【旋转】工具 ⟳ ，对衣片进行撇胸处理。由于前片撇胸，领宽增加，后领相应增宽0.9cm，如图6-4所示。

（3）选择【智能笔】工具 ✎ ，快捷键【F】，将其衣长定为64cm，如图6-5所示。

（4）选择【智能笔】工具 ✎ ，根据款式图定出前后片分割线位置并绘制省线。由款式腰围量确定省量大小，调整好各部位弧线，如图6-6所示。

（5）用【移动】工具 ⊞ 移动前片和侧缝弧

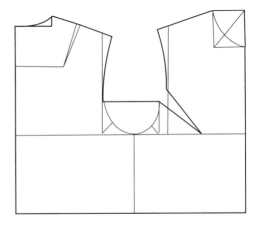

图6-3

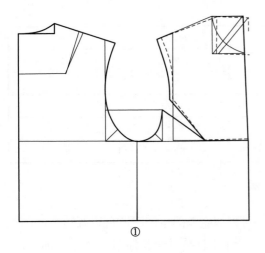 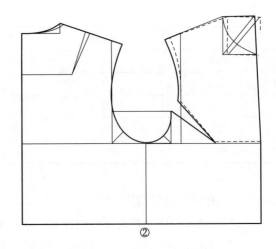

① ②

图6-4

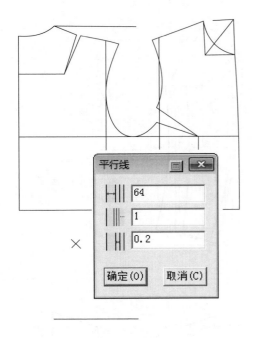

图6-5

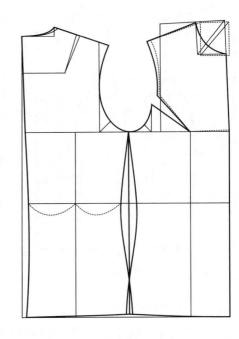

图6-6

线，如图6-7所示。

（6）用【合并调整】工具▼对前后衣片下摆调整顺直，如图6-8所示。

（7）用【旋转】工具▼，去除后片的肩省，选择【智能笔】工具✎，画顺后片袖窿弧线，调整肩线，如图6-9所示。

（8）用【旋转】工具▼，旋转绘制出公主线开刀弧线，调顺各部位弧线，如图6-10所示。

（9）用【比较长度】工具✎测量胸围数据，调整制图胸围、腰围、下摆数据使其符合成品规格，如图6-11所示。

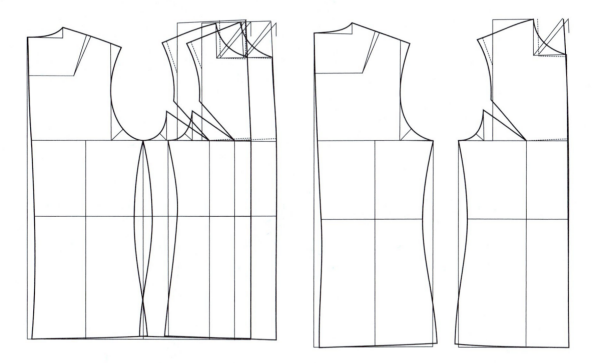

图6-7

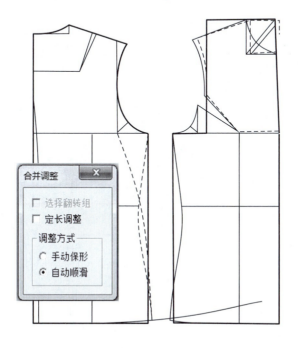

图6-8

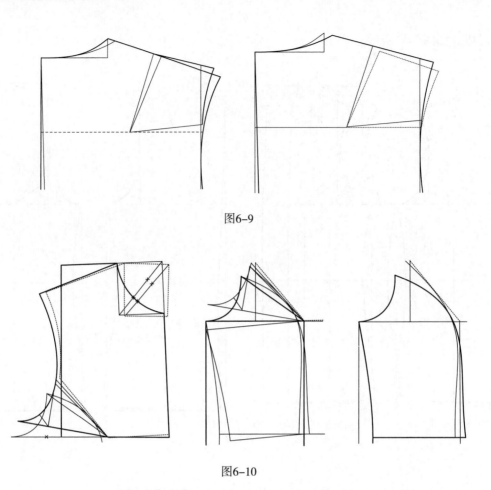

图6-9

图6-10

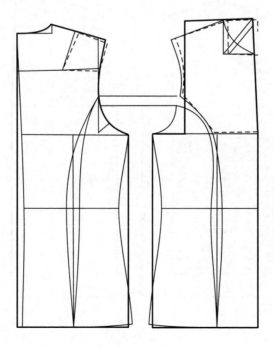

图6-11

✎ **提示**

开刀的弧线要做到光滑圆顺，弧线长度相等。这样缝制出来的衣服造型也美观大方。

四、西装领样板制作

（1）用【圆角】工具中的 ✎【CR圆弧】工具按【Shift】键画出半径为4.6cm的圆，再用【智能笔】工具✎绘制出领子形状，如图6-12所示。

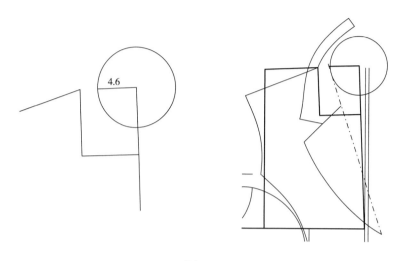

图6-12

（2）用【对称调整】工具✎调整西装领外形，使之符合款式外观特点，如图6-13所示。

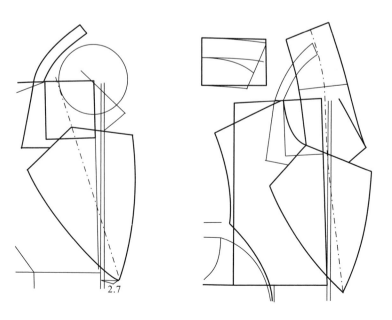

图6-13

✎ **提示**

使用【比较长度】工具🔍，测量领片与前后衣片领弧线的长度，使它们相等。西服领的倒伏量可根据款式要求适当调整。

🔲 **技能拓展**

展开领面的曲度，使领面上部松下部紧。解决工业生产归拔问题，里外均匀的问题。

（1）用【智能笔】工具✎，做出距翻领线0.8cm的平行分割线，如图6-14所示。

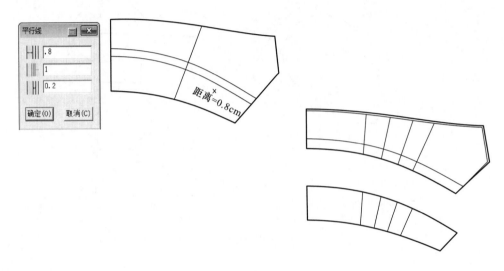

图6-14

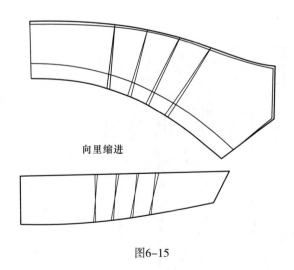

图6-15

（2）使用【分割、展开、去除余量】工具🔺，将领子分割的部分分别向里缩进1cm。领底弧线长度不变，并用对称工具调顺，如图6-15所示。

五、袖型的板型制作

（1）用【移动】工具🔳复制前、后片的袖窿弧线，如图6-16所示。

（2）用【旋转】工具🔄，旋转合并前片分割省量，使袖窿弧线圆顺完整。做出前袖窿弧-0.5cm，后袖窿弧+0.5cm，最后用智能笔绘制出前后袖山曲线，如图6-17所示。

（3）用【智能笔】工具✎绘制出两片袖，再画出袋盖、嵌线等零部件，如图6-18所示。

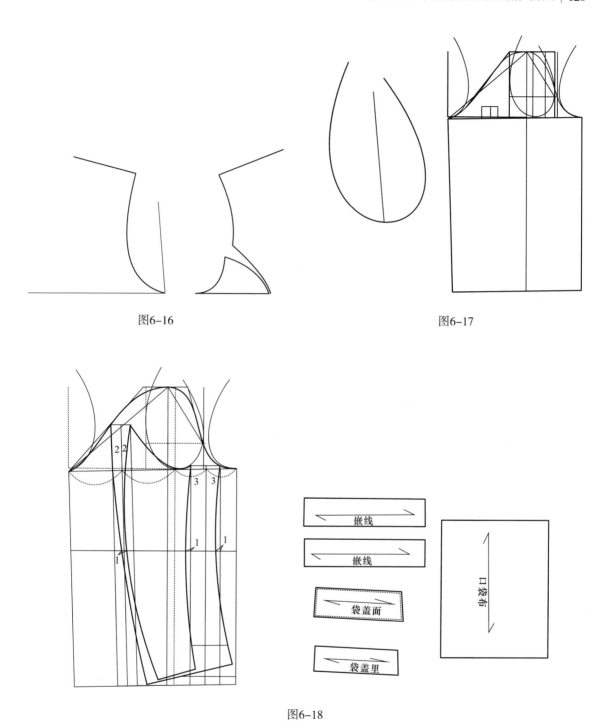

图6-16

图6-17

图6-18

【任务小结】

本任务从学生实际出发，合理安排学习任务，通过"任务实施"从如何调取服装原型入手到转省，通过合并省量，转移出公主线开刀弧线线条。使读者了解了多种工具的使用，板型设计制作线条流畅尺寸符合标准，制图符号标注规范，各个拼接部位检查调整。

【任务评价】

任务评价见表6-2。

表6-2

内容	评分项目	评分点	扣分说明（扣完为止）	分值
平驳领女上衣CAD板型制作	样板结构	1. 利用新原型结构设计正确、合理，符合服装款式造型要求，体现电脑纸样设计过程（35分） 2. 线条流畅、规范（30分） 3. 制图符号、对位标记标注正确、清晰，无遗漏（20分）	1. 没有利用新原型进行结构设计的扣5分 2. 上衣前、后片、袖片、领片结构不准确每处扣3分 3. 前、后片、袖片、领片线条不流畅、轮廓线不准确每处扣3分 4. 前、后片、袖片、领片制图符号不正确、有遗漏等每处扣2分 5. 样片遗漏、丢失扣10分 6. 样板包括净样板、零部件，缺其中一种板扣3分 7. 制图符号标注不正确、不清晰，有遗漏每处扣3分	100分
	样板规格	1. 成品规格尺寸与样衣相符（12分） 2. 成品规格不超过行业标准的允许公差（3分）	1. 前、后片、袖片、领片规格尺寸与服装号型以及设计稿的效果不符每处扣3分 2. 成品规格超过了行业标准允许的公差扣3分	

思考与练习

综合实训

1. 前后衣片板型制作。

2. 袖子和领子的板型制作。

习题

1. 论述原型旋转法转省的操作方法。

2. 应用服装CAD软件的打板系统，按照表6-3中的规格和图6-19所示的结构图，参照本书中的制图步骤，完成基础直刀背平驳领女上衣袖子的CAD制图，号型为160/84A。

表6-3   （单位：cm）

部位	衣长	胸围	肩宽	领大	袖长	腰围	摆围
规格	63	96	40	38	53	78	100

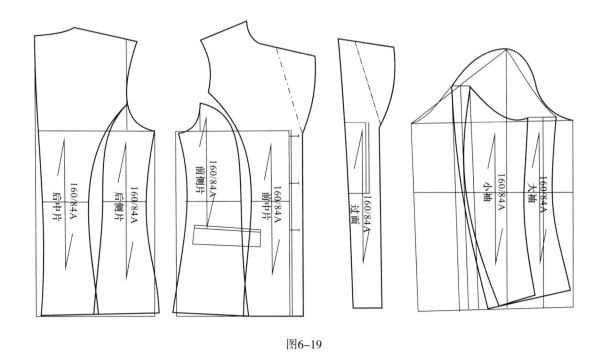

图6-19

任务二 平驳领女上衣CAD板型放缝

【任务导入】

前面我们已经完成，订单的基础样板的制作。下面的工作任务是对基础样板进行加放缝份、确定丝缕方向、打剪口、确定扣眼和纽扣位置。

【任务分析】

根据订单款式资料，确定本款式有无夹里，有夹里底边放缝3~4cm，无夹里底边放缝2~3cm。本款式是弧线开刀，在弧线端点的缝型要符合生产要求。缝制后裁片不可变形，尺寸不可改变。剪口位置要符合企业的生产习惯。

【任务准备】

仔细检查各部位线条是否闭合，考虑那些结构线、剪口要在缝制样板中出现，剪口的形状，扣眼位置的确定。

一、衣片放缝

（1）拾取样片：用【剪刀】工具，拾取样片如图6-20所示，填写纸样资料如图6-21所示。也可在样片中，右键单击选择关键部位结构线，为放码做好准备。

（2）加缝份：用【加缝份】工具，将底边放3cm缝份。对于弧线、肩缝、领口等特殊部位先选择【加缝份】工具，再按住【Shift】键调整各部位缝份，使之符合工业化生产的

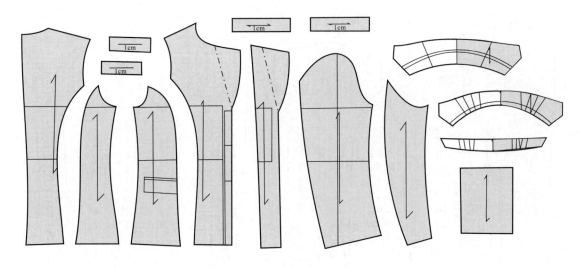

图6-20

图6-21

要求，如图6-22所示。

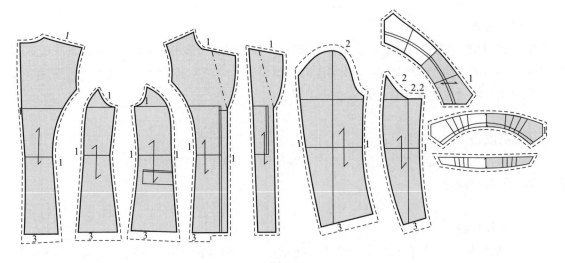

图6-22

（3）打剪口：使用【剪口】工具 ，在相应部位打好剪口。剪口分为多种，Ⅰ、U、T型等可根据需要选用，如图6-23所示。

（4）布纹线信息：布纹线信息包括号型名、款式名、纸样名、客户名、订单名、布料类型、缩水率等信息，设置好这些信息可为查询、制作工艺样板、排料、放码、写工艺单、裁床等提供基础样板信息。设置好布纹信息是工业化生产关键的一步。布纹线上下方的文字，可根据需求灵活设置，如图6-24所示。

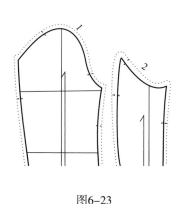

图6-23

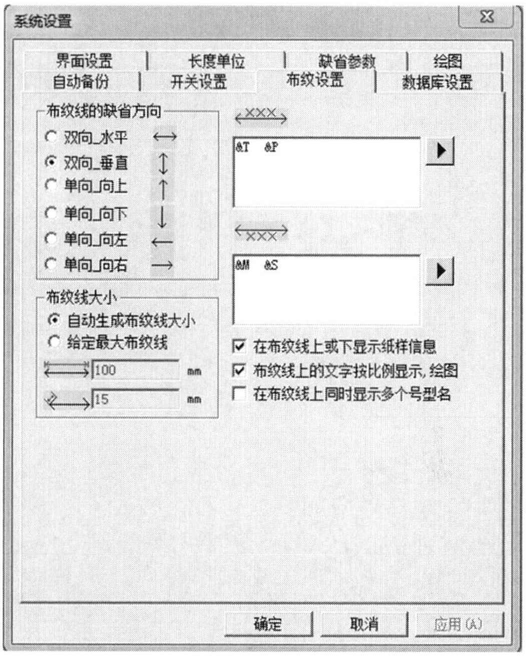

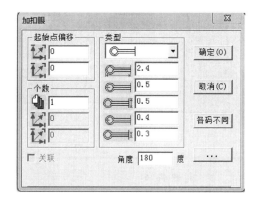

图6-24

（5）扣眼位：根据门襟长度设定扣眼位置如图6-25，还可以根据需要设定扣眼的形状角度等如图6-26。

二、里料放缝

实线为款式净样板，虚线为里料加放的缝份。

1. 衣片里料样板

（1）后背缝在净样基础上加放缝份2cm。

（2）后领弧、前后肩、加放缝份1.5cm。

（3）公主线弧刀背、底摆、前后袖窿弧线、侧缝加放缝份1.2cm。

（4）前片与过面拼接放缝1cm，如图6-27所示。

2. 袖子里料样板

（1）前后袖山放缝1cm。

（2）前后袖口放缝3cm，如图6-28所示。

图6-25

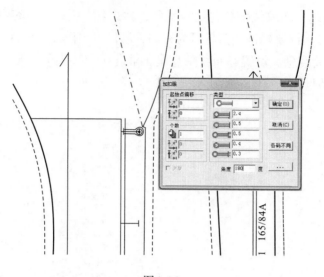

图6-26

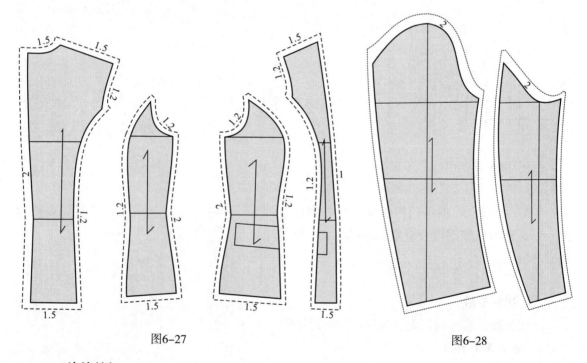

图6-27   图6-28

3. 衬料样板

（1）衣身衬料样板。前中片、前侧片、过面、领面铺满衬。后片、后侧片按照图6-29，比净样缩进0.2cm。底边用【做衬】工具，如图6-29所示。

（2）袖片衬料样板。用【做衬】工具做出大小袖片的衬料样板，如图6-30所示。

【任务小结】

本任务从实际生产出发，合理安排学习任务，通过"任务实施"从如何拾取样片入手，到加放缝份、布纹线信息、加扣眼位置再到里料、衬料的样板制作，使学生全方位的了解了

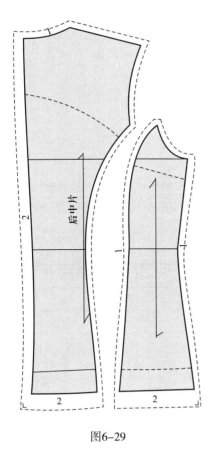

图6-29

图6-30

面料样板、里料样板、衬料样板的制作。

【任务评价】

任务评价见表6-4。

表6-4

内容	评分项目	评分点	扣分说明（扣完为止）	分值
平驳领女上衣CAD放缝	样板放缝	1. 放缝准确、均匀（5分） 2. 转角处理准确、圆顺（5分） 3. 衬料样板与面料样板配伍适宜，放缝准确、合理（5分）	1. 前、后片、袖片、领片放缝不准确、不均匀每处扣2分 2. 领口、肩端、侧缝、袖山等转角处理不圆顺，不到位每处扣2分 3. 衬料与面子搭配不适每处扣2分	15分

思考与练习

综合实训

1. 衣片加缝份、剪口位置。

2. 填写款式资料、纸样资料、设置布纹线信息。

3．添加扣眼和纽扣位置。

4．里料缝份。

5．衬料缝份。

习题

1．叙述衣片加缝份工具、剪口工具操作要领。

2．叙述加扣眼、设置纽扣的操作要领。

3．款式资料、纸样资料、布纹线的设置方法。

4．应用服装CAD软件的打板系统，按照表6-5中的规格和图6-31所示的结构图，参照本书中的制图步骤，完成基础直刀背平驳领女上衣工业样板的CAD制图，号型为160/84A。

表6-5 （单位：cm）

部位	衣长	胸围	肩宽	领大	袖长	腰围	摆围
规格	63	96	40	38	53	78	100

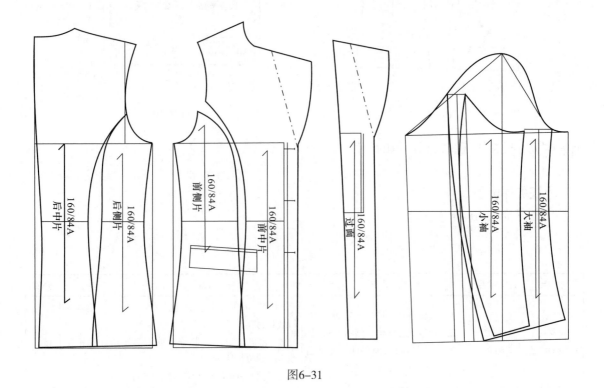

图6-31

任务三　平驳领女上衣CAD放码

【任务导入】

我们已经完成了订单的基础样板的制作。下面的工作任务是根据基础样板来放码。

【任务分析】

样片放码，衣片结构不能有变化，特别注意尺寸、弧线形状外观。

【任务准备】

检查基础样板的放码点，设置是否合理。各部位的档差要符合企业的生产习惯。

设置各部位档差数值，如图6-32所示。

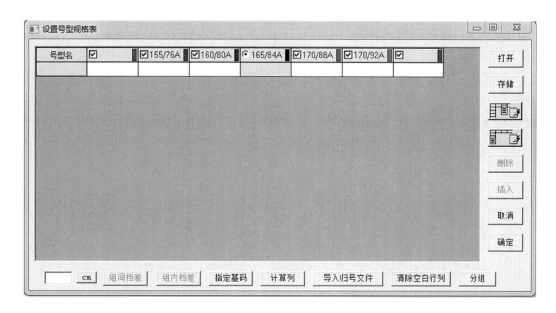

图6-32

在号型后方的颜色区域单击修改号型显示的颜色，如图6-33所示。

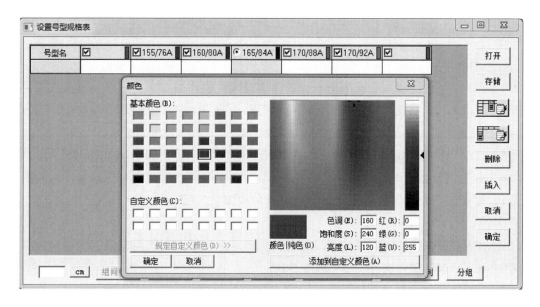

图6-33

【任务实施】

一、后片放码

1. 后片中部放码

（1）点A：后中点，纵向放缩量为袖窿深变化量，根据原型袖窿深的计算公式：净胸围/1.5为4cm，所以A点纵向放缩量为0.7cm（4/1.5B+0.1cm）。横向的基准线为后中线不缩放，dY输入档差0.7，如图6-34所示。

（2）点B：侧颈点，纵向放缩量为0.7cm，同点A。横向放缩量为横开领差，由于领大档差为1cm，所以横向放缩量为领大差/5=0.2cm。纵向dY输入档差0.7，dX输入档差0.2，如图6-34所示。

（3）点C：肩点，横向放缩量为肩宽差/2，为0.5cm，为了保持肩斜线角度不变，纵向缩放如图6-34所示。CAD推板使用【肩斜线放码】工具放码。dX先输入档差0.5，再使用放码工具栏的【肩斜线放码】工具 ，单击布纹线的上端点，向上拖动到肩点弹出对话框，选择【与前放码点平行】，单击确定，如图6-34所示。

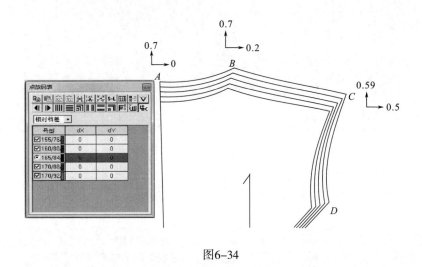

图6-34

（4）点D：公主线和袖窿线的交点，因为该点大致位于袖窿深的中点，纵向放缩量为袖窿深差/2，为0.3cm。横向放缩量为0.5cm，同肩点。点D dY输入档差0.3，dX输入档差0.5，如图6-35所示。

（5）点E：后中线和胸围线的交点，是推档的基点，是不动的点，如图6-35所示。

（6）点F：公主线和胸围线的交点，纵向不缩放。横向放缩量为胸围档差，后胸围的变化量为1，由于该点大约位于胸围线的中点，横向放缩量为0.5cm。点F dX输入档差0.5，如图6-35所示。

（7）点N：后中线和腰围线的交点，是推档的基点，横向是不动的点，所以该点纵向放缩量为0.3cm。点N dY输入档差0.3，如图6-36所示。

（8）点G：公主线和腰围线的交点，纵向放缩量为背长差，背长档差为1cm，由于胸围线以上已经变化了0.7cm，所以该点纵向放缩量为0.3cm。横向放缩量为0.5cm。点G dY输入档差0.3，dX输入档差0.5，如图6-36所示。

（9）点I：后中线和衣长线的交点，纵向放缩量为衣长档差，衣长档差为2cm，由于胸围线以上已经变化了0.7cm，所以该点纵向放缩量为1.3cm，横向不缩放。点IdY输入档差1.3，如图6-36所示。

（10）点P：衣长线和公主线的交点，纵向缩放衣长档差，衣长档差为2cm，由于胸围线以上已经变化了0.7cm，所以该点纵向放缩量为1.3cm。横向放缩量为0.5cm。点PdY输入档差1.3，dX输入档差0.5，如图6-36所示。

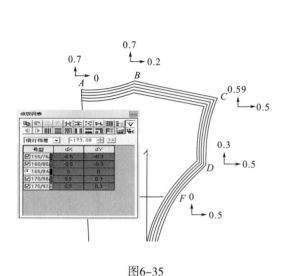

图6-35

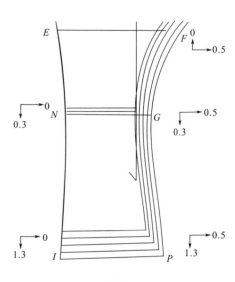

图6-36

2. 后侧片放码

（1）点D：该点对应后中片的点D，纵向放缩量为0.2cm。为了保证胸围尺寸大小不变，横向反向放缩量为0.5cm。点DdY输入档差0.2，dX输入档差0.5，如图6-37所示。

（2）点F：纵向不缩放。横向反向放缩量为0.5cm。点FdX输入档差0.5，如图6-37所示。

（3）点P：侧缝线和胸围线的交点，纵向不缩放。横向放缩量为后胸围档差1cm，点PdX输入档差1，如图6-37所示。

（4）点G：纵向放缩量为0.3cm。横向反向放缩量为0.5cm。点GdY输入档差0.3，dX输入档差0.5，如图6-38所示。

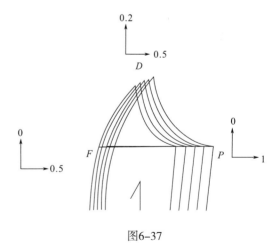

图6-37

（5）点N：侧缝线和腰围线的交点，纵向放缩量为0.3cm。横向放缩量为1cm。点NdY输入档差0.3，dX输入档差1，如图6-38所示。

（6）点I：纵向放缩量为1.3cm，横向放缩量为0.5cm。纵向dY输入档差1.3，dX输入档差

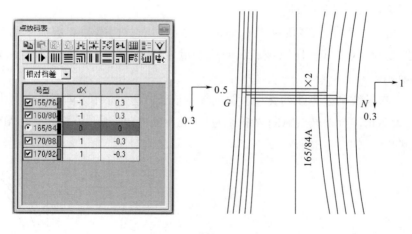

图6-38

0.5，如图6-39所示。

（7）点P：侧缝线和衣长线的交点，纵向放缩量为1.3cm。横向放缩量为1cm。dY输入档差1.3，dX输入档差1，如图6-39所示。

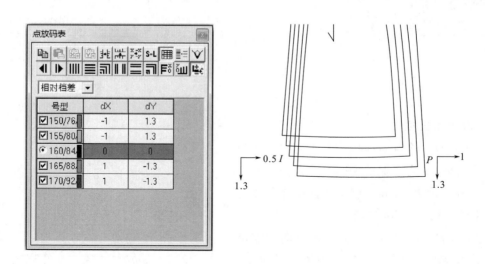

图6-39

二、前片放码

前片放码总图，如图6-40所示。

1. 前片中部放码

（1）点A：侧颈点，为了同后片一致，纵向放缩量为0.7cm。横向放缩量为领档差/5，横开放码量为0.2cm，dY输入档差0.7，dX输入档差0.2，如图6-41所示。

（2）点B：肩点，横向放缩量为肩宽差/2，为0.5cm，纵向缩放如下图，档差先输入dX0.5，再使用放码工具栏的【肩斜线放码】工具，单击布纹线的上端点，向上拖动到肩点

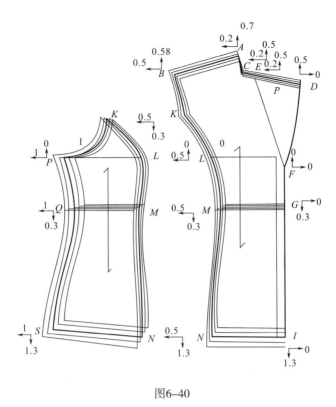

图6-40

弹出对话框，选择【与后放码点平行】，单击确定，如图6-41所示。

（3）点C：领折点，纵向放缩量为直开领差，直开领变化为0.2cm，由于点B已经放缩了

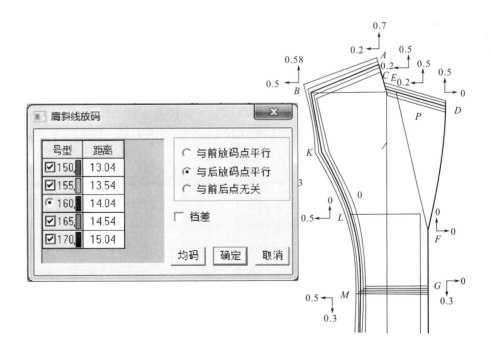

图6-41

0.7cm，所以点*C*纵向放缩量为0.7-0.2=0.5cm。横向放缩量为0.2cm。dY输入档差0.5，dX输入档差0.2，如图6-42所示。

（4）点*E*：驳头宽，纵向放缩量为0.5cm，横向放缩量要使驳头宽保持不变，横向放缩量为0.2cm，同点*C*。dY输入档差0.5，dX输入档差0.2，如图6-42所示。

（5）点*D*：驳口顶点，点*C*纵向放缩量为0.7-0.2=0.5cm。横向缩放由于靠近止口点，横向不缩放。纵向dY输入档差0.5，如图6-42所示。

（6）点*P*：装领点，缩放值同点*E*，如图6-42所示。

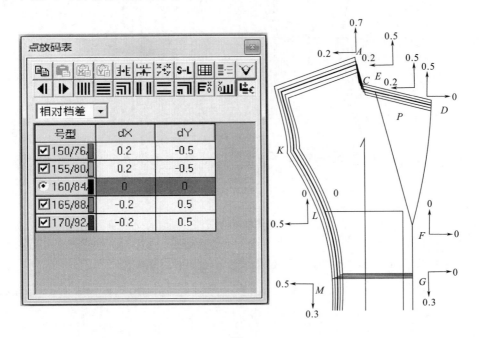

图6-42

（7）点*F*：翻驳点，因为翻驳点在胸围线附近，胸围线是基准线，纵向不缩放。横向是基准线不缩放，如图6-41所示。

（8）点*G*：腰节线和止口线的交点，纵向放缩量为背长差，背长档差为1cm，由于胸围线以上已经变化了0.7cm，所以该点纵向放缩量为0.3cm。横向因为是基准线，不缩放。dY输入档差0.5，如图6-43所示。

（9）点*I*：衣长线和止口线的交点，纵向放缩量为衣长档差，衣长档差为2cm，

由于胸围线以上已经变化了0.7cm，所以该点纵向放缩量为1.3cm，横向基础线不缩放。dY输入档差1.3，如图6-41所示。

（10）点*K*：袖窿线和公主线的交点，该点纵向放缩量和它在袖窿的位置有关，本款点*K*位置大致在袖窿深的中点，所以纵向放缩量为0.58/2=0.3cm。因为胸宽线是坐标线，横向放缩量为0.6cm（0.15×胸围档差），考虑到袖窿弧线的保型，这里放缩量按0.5cm。dY输入档差0.3，dX输入档差0.5，如图6-44所示。

（11）点*L*：公主线和胸围线的交点，纵向不缩放。胸围的变化量为1cm，由于该点大约位于胸围线的中点，横向缩放0.5cm。dX输入档差0.5，如图6-44所示。

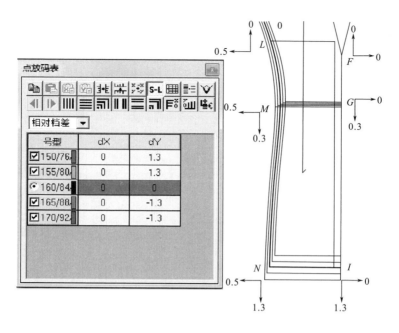

图6-43

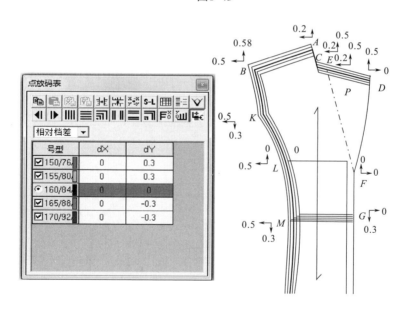

图6-44

（12）点M：公主线和腰围线的交点，纵向放缩量为0.3cm，横向放缩量为0.5cm。dY输入档差0.3，dX输入档差0.5，如图6-45所示。

（13）点N：公主线和衣长线的交点，纵向放缩量为1.3cm。横向放缩量为0.5cm。dX输入档差0.5，dY输入档差1.3，如图6-45所示。

2. 前侧片放码

（1）点K：对应前中的点K，纵向放缩量为0.3cm。横向反向放缩量为0.5cm。dY输入档差0.3，dX输入档差0.5，如图6-46所示。

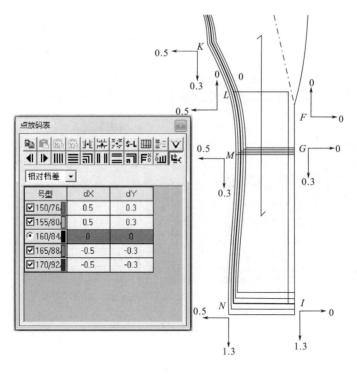

图6-45

（2）点L：对应前中的点L，纵向不缩放。横向反向放缩量为0.5cm。dX输入档差0.5，如图6-46所示。

（3）点M：对应前中的点M，纵向放缩量为0.3cm。横向反向放缩量为0.5cm。dY输入档差0.3，点M横向dX输入档差0.5，如图6-46所示。

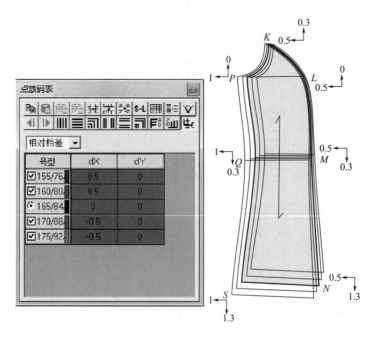

图6-46

（4）点N：对应前中的点N，纵向放缩量为1.3cm。横向放缩量为0.5cm。dY输入档差1.3，dX输入档差0.5，如图6-46所示。

（5）点P：侧缝线和胸围线的交点，纵向不缩放。横向放缩量为胸围差，前胸围的变化量为1cm，由于前中前侧为了保型使用了反向缩放，所以该点横向放缩量为1cm，dX输入档差1。

注意：放码时候袖笼弧线容易出现变形，可使用【定型放码】工具 对袖窿弧线进行保型处理，单击点P不放，拖至点K，再单击【定型放码】工具 ，对袖窿弧线保型，如图6-47所示。

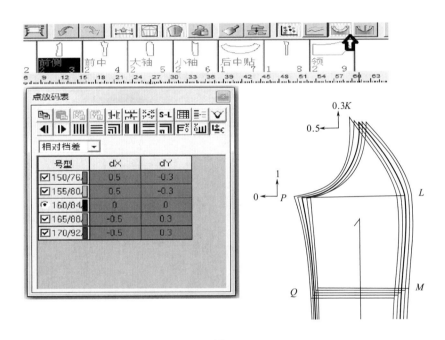

图6-47

（6）点Q：侧缝线和腰围线的交点，纵向放缩量为0.3cm，横向放缩量为1cm。dY输入档差0.3，dX输入档差1，如图6-48所示。

（7）点S：侧缝线和衣长线的交点，纵向放缩量为1.3cm，横向放缩量为1cm。dY输入档差1.3，dX输入档差1，如图6-48所示。

三、袖片放码

基准线的确定：纵向的基准线为袖中线，横向的基准线为袖肥线。

1. 大袖放码

（1）点A：袖山高，根据袖山高的计算公式：胸围/10+5.5cm，胸围档差为4cm，所以纵向放缩量为0.4cm。横向不放缩。dY输入档差0.4，如图6-49所示。

（2）点C：袖山和外袖缝的交点，由于该点基本位于袖山高的一半处，纵向放缩量为0.2cm。横向放缩量为0.4cm。dY输入档差0.2，dX输入档差0.4，如图6-49所示。

（3）点B：袖山和外袖缝的交点，纵向不缩放。横向缩放袖肥变化量，在制图中袖肥

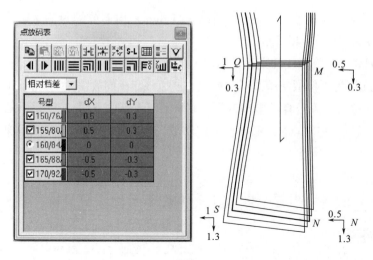

图6-48

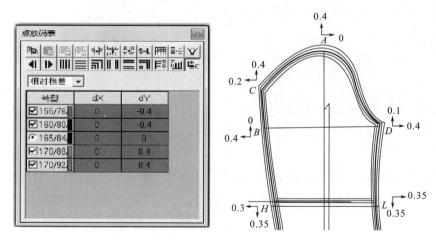

图6-49

的计算方法为胸围/5-2，所以袖肥档差为0.8cm，因为袖中线为基准线，点*B*横向输入档差0.4cm。dX输入档差0.4，如图6-49所示。

（4）点*H*：外袖缝和袖肘线的交点，袖肘线位于袖长的中点，袖长的档差为1.5cm，则一半的变化量为0.75cm，由于袖肥线以上已经变化了0.4cm，所以点*H*纵向放缩量为0.35cm。横向放缩量为0.3cm，（0.4+袖口放码档差0.25）/2。dY输入档差0.35，dX输入档差0.3，如图6-50所示。

（5）点*F*：袖口大点，纵向缩放1.1cm。横向放缩量为袖口变化量，袖口档差为0.5cm，由于点*E*已经变化了0.4cm为了保型性，这里采用0.2cm，所以点*F*横向放缩量为0.2cm。dY输入档差1.1，dX输入档差0.2，如图6-50所示。

（6）点*E*：袖山和内袖缝的交点，由于该点基本位于袖山高的1/4处，纵向放缩量为0.1cm，横向放缩量为0.4cm。dY输入档差0.1，dX输入档差0.4，如图6-51所示。

（7）点*D*：袖山和内袖缝的交点，纵向不缩放。横向放缩量为袖肥变化量，在制图中袖肥的计算方法为胸围/5-2，所以袖肥档差为0.8cm，因为袖中线为基准线，点*D*横向放缩量为

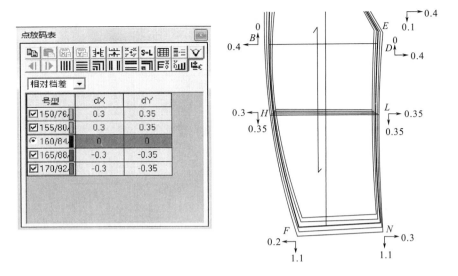

图6-50

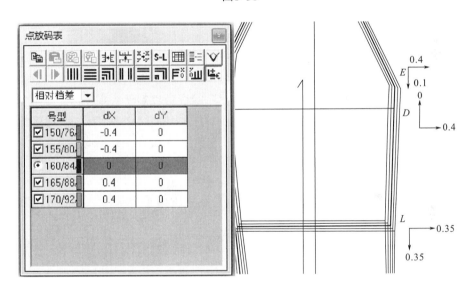

图6-51

0.4cm。dX输入档差0.4，如图6-51所示。

（8）点L：内袖缝和袖肘线的交点，袖肘线位于袖长的中点，袖长的档差为1.5cm，则一半的变化量为0.75cm，由于袖肥线以上已经变化了0.4cm，所以点H纵向放缩量为0.35cm。横向放缩量为0.35cm，（0.4+袖口放码档差0.3）/2。dY输入档差0.35，dX输入档差0.35，如图6-52所示。

（9）点N：内袖缝和袖口线的交点，纵向放缩量为袖长差，袖长档差为1.5cm，由于在袖肥线以上已经变化了0.4cm，所以点E纵向缩放1.1cm。横向放缩量为0.3cm。dY输入档差1.1，dX输入档差0.3，如图6-52所示。

2．小袖放码

（1）点C：同大袖的点C。纵向放缩量为0.2cm，横向放缩量为0.4cm。dY输入档差0.2，

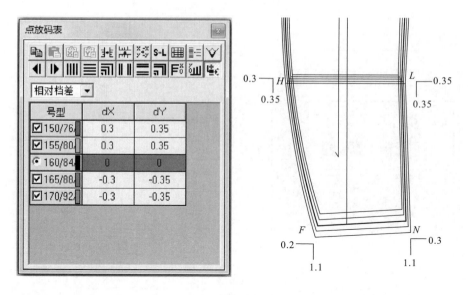

图6-52

dX输入档差0.4，如图6-53所示。

（2）点B：同大袖的点B。纵向不缩放，横向放缩量为0.4cm。dX输入档差0.4，如图6-53所示。

（3）点H：同大袖的点B。纵向放缩量为0.35，横向放缩量为0.3cm。dY输入档差0.35，dX输入档差0.3，如图6-53所示。

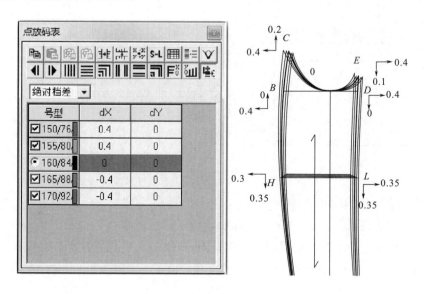

图6-53

（4）点F：同大袖的点F。纵向放缩量为1.1cm，横向放缩量为0.2cm。dY输入档差0.35，dX输入档差0.3，如图6-54所示。

（5）点E：同大袖的点E。纵向放缩量为0.1cm，横向放缩量为0.4cm。dY输入档差0.1，dX输入档差0.4，如图6-54所示。

（6）点D：同大袖的点D。纵向不放缩，横向放缩量为0.4cm。dX输入档差0.4，如图6-54所示。

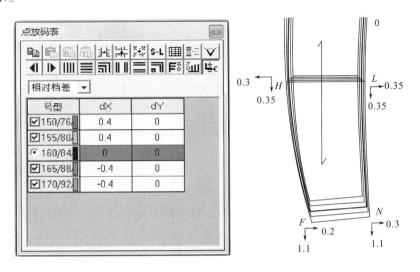

图6-54

（7）点L：同大袖的点L。纵向放缩量为0.35cm，横向放缩量为0.3cm。dY输入档差0.35，dX输入档差0.3，如图6-55所示。

（8）点N：同大袖的点N。纵向放缩量为1.1cm，横向放缩量为0.3cm。dY输入档差1.1，dX输入档差0.3，如图6-55所示。

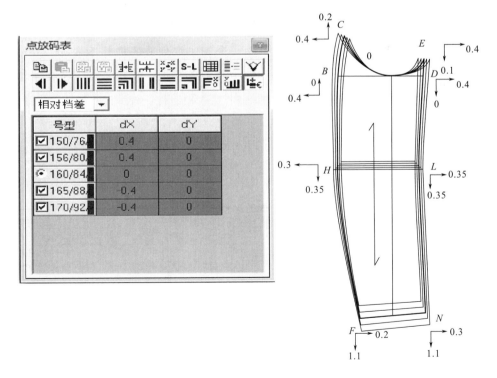

图6-55

四、领子放码

（1）用【比较长度】工具 量出的衣片上领弧的数据便是领子的放码量，如图6-56所示。

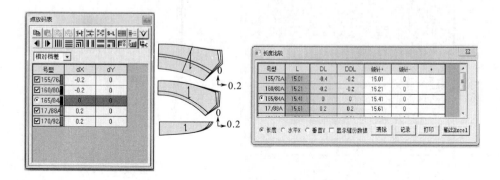

图6-56

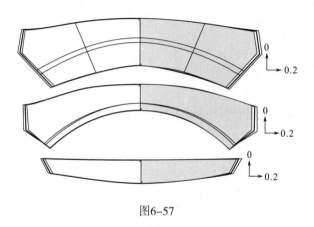

图6-57

确保个号型样板的准确性。

（2）使用【纸样对称】工具 ，对称领样，如图6-57所示。

【任务小结】

本任务从实际生产出发，合理安排学习任务，通过"任务实施"，详细的叙述了各部位放码的原理，学生不必死记硬背，通过计算可以得到个放码点的数值。介绍了如何放码样片不变形，介绍了如何检查放码量。采用多种方法和手段放码，

【任务评价】

任务评价见表6-6。

表6-6

内容	评分项目	评分点	扣分说明（扣完为止）	分值
平驳领女上衣CAD板型放码	放码	1. 样板放码码数齐全、部件完整、线条缩放后走形符合款式造型要求（12分） 2. 纱向、裁片数、对位记号标注齐全、准确无误（5分） 3. 公共线确定合理，各部位档差标注明确（3分）	1. 样板放码码数不齐全、部件漏项、线条缩放后走形的、档差数不规范每处扣5分 2. 纱向、裁片数、对位记号标注不准确，不齐全扣每处扣1分 3. 公共线确定不合理，各部位档差标注不明确每处扣1分	20分

思考与练习

综合实训

1．前后衣片的放码。

2．袖子的放码。

3．领子的放码。

习题

1．叙述前后衣片放码的原理和数值。

2．叙述袖子领子的放码原理和数值。

3．应用服装CAD软件的打板系统，按照表6-7中的规格和图6-58所示的结构图数据，参照教材中的制图步骤，完成基础直刀背平驳领女上衣的CAD放码，号型为160/84A。

表6-7

（单位：cm）

部位	衣长	胸围	肩宽	领大	袖长	腰围	摆围
规格	63	96	40	38	53	78	100

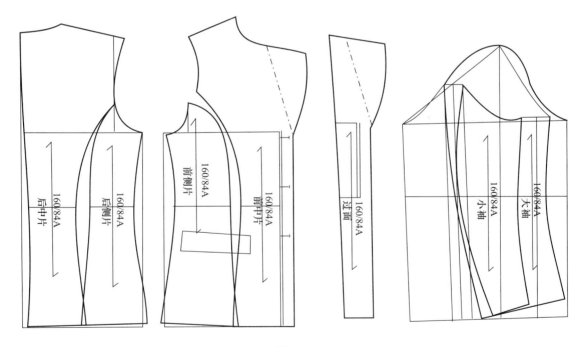

图6-58

拓展训练（选做题）

分析如图6-59中平驳领女上衣的款式特征，准确绘制结构分解图，以160/84A为中码推出大、中、小三个型号的工业样板。

正面款式图   背面款式图

图6-59

任务四　平驳领女上衣CAD板型排料

【任务导入】

我们已经完成了订单样板的制作。下面的工作任务是根据面料的幅宽进行排料，如何才能省料。

【任务分析】

排料的目的就是为了省料，一般采用大号和小号结合套排。设置几种不同幅宽的布片，让学生尝试操作。使学生了解为什么要这样设置。

【任务准备】

检查导入样板的每个衣片份数，裁片布纹设置是否合理。布边余留要根据面料情况，要符合企业的生产习惯。

【任务实施】

一、设置唛架

双击 ![RP-GMS] 进入RP-GMS排料系统，按照面料宽度设置唛架。

注意：由于面料幅宽包含布边，需根据情况设置面料的上下边界，如图6-60所示。

唛架设定

说明			☐ 选取唛架

宽度	长度	说明	
1000	2000		
1000	2000		
1000	2000		
1000	2000		
1000	2000		

宽度： 1440 毫米　　　长度： 20000 毫米

缩放　　　　　　　　　缩放

缩水 0 %　　　　　缩水 0 %

放缩 0 %　　　　　放缩 0 %

宽度 1440 毫米　　　长度 20000 毫米

层数 1　　　纸样面积总计： 0平方毫米

料面模式

◉ 单向　　○ 相对

折转方式

☐ 上折转　　☐ 下折转　　☐ 左折转

唛架边界（毫米）

左边界 0　　　　　上边界 1

右边界 0　　　　　下边界 1

确定(O)　　取消(C)

图6-60

二、导入款式文件

选择【文档】→【打开款式】文件，如图6-61所示。

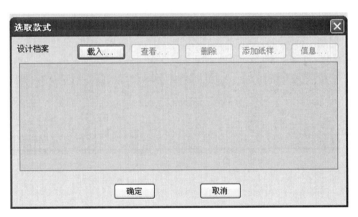

选取款式

设计档案　载入...　查看...　删除　添加纸样...　信息...

文档[F] 纸样[P] 唛架[M] 选项[O]

新建[N]...　Ctrl+N

打开[O]...　Ctrl+O

合并[M]...

打开款式文件[D]...

打开HP-GL文件[H]...

关闭HP-GL文件[L]...

输出dxf

导入.PLT文件　▶

确定　　取消

图6-61

三、设置排料套数

根据款式数量选择排料套数，如图6-62所示。

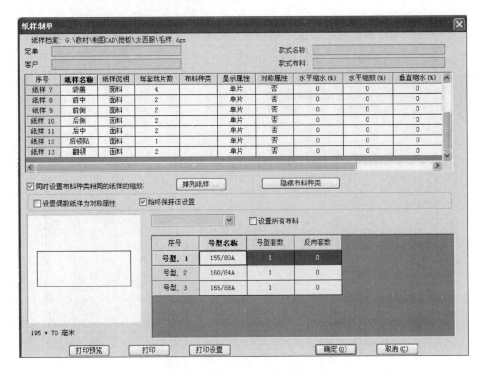

图6-62

四、选择排料方式

根据客户要求选择排料方法，如图6-63所示。

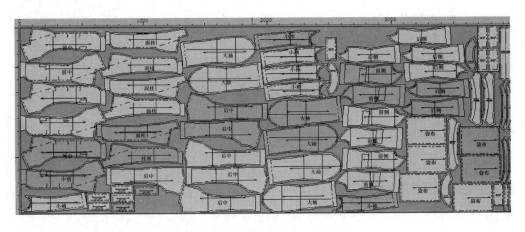

图6-63

【任务小结】

本任务从实际生产出发，合理安排学习任务，通过"任务实施"从如何导入个号型样板入手，到如何设置唛架，设置排料套数，以及排料方式。完全按照企业生产实际情况模拟实施。

【任务评价】

任务评价见表6-8。

表6-8

内容	评分项目	评分点	扣分说明（扣完为止）	分值
平驳领女上衣CAD板型排料	样板排料	1. 样板丝缕摆放准确（3分） 2. 排料合理（4分） 3. 面料、衬料用布适宜（8分）	1. 样板丝缕摆放不准确扣2分 2. 排料不合理扣4分 3. 面料用布不适宜扣2分，衬料用布不适宜扣2分	15分

思考与练习

综合实训

1. 导入样片，按照幅宽144cm排料。

2. 导入样片，按照幅宽150cm排料。

习题

1. 论述排料的过程。

2. 应用服装CAD软件的打板系统，按照表6-69中的规格和图6-64所示的结构图数据，参照教材中的制图步骤，完成基础直刀背平驳领女上衣的CAD排料，号型为160/84A，面料宽度144cm。

表6-9　　　　　　　　　　　　　　　　　　　　　　　（单位：cm）

部位	衣长	胸围	肩宽	领大	袖长	腰围	摆围
规格	63	96	40	38	53	78	100

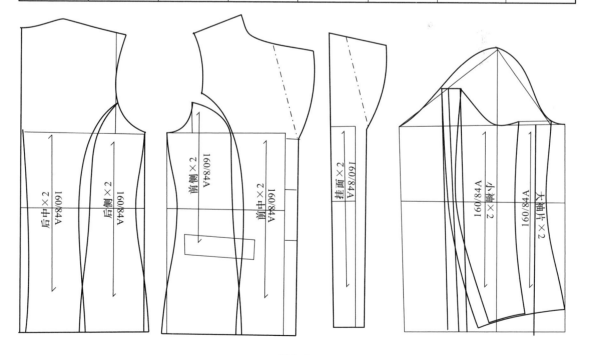

图6-64

第七单元　插肩袖女大衣板型制作与放码

学习任务

女式大衣约于19世纪末出现，是在女式羊毛长外衣的基础上发展而成，衣身较长，大翻领，收腰式，大多以天鹅绒作面料。女式大衣约在19世纪中期与西装同时传入中国。

中国的第一件大衣是由"红帮裁缝"缝制，"红帮裁缝"发轫于清末民初，宁波作为当时最早与国外通商的口岸城市之一，不少裁缝曾为外国人（又称"红毛"）裁制过服装，"红帮"之名由此而来。而红帮裁缝最为出名的是西服，但是由于其大衣和西服的工艺有相近之处，所以第一件大衣也是由红帮裁缝缝制的。随着社会的发展，男士大衣渐渐地淡出了人们的视野，大衣往往成了女式大衣的代名词，国内大衣以韩板，欧板为主要流行款式。

插肩袖是传统的袖型之一。是通过从腋下至前后领圈的分割线与衣身相连，此分割线可根据不同的设计效果而变化，插肩袖不仅能使肩部造型圆顺，还具有圆袖的合体和垂感，为了使其穿着舒适，插肩袖会在腋下加放松量。它穿着方便、袖窿和袖身的结构线颇具特色，形式多样，如三片袖、两片袖、一片袖结构等。目前，这类袖型在服装上应用是比较广泛的，尤其在大衣、风衣、休闲类服装上的应用。影响插肩袖外形及服用功能的因素较多，而袖山高、袖中线斜度、袖窿深的尺寸及其相互之间的配伍起着决定性的作用。

通过本模块插肩袖女大衣的学习，帮助学生了解典型女大衣的结构特征，准确绘制其结构分解图，再对结构分解图进行放缝、推档，最终形成符合企业大衣生产所需的成套工业样板。

总体目标

1. 在掌握工具的使用方法，熟练进行插肩袖女大衣纸样绘制，并能进行简单拓展操作。

2. 熟练使用 CAD 绘制前、后衣片、领子及袖子，并掌握其放缝方法。

3. 掌握前后衣片、袖子、领子放码方法，学会如何用档差计算分配放缩量。

4. 能够使用 CAD 排料系统进行合理排料。

重点提示

任务一　使用 CAD 绘制时，准确把握各部位的尺寸。

任务二　使用 CAD 放缝时，注意缝边的形状和剪口部位的设置。

任务三　使用 CAD 放码时，正确处理各部位的随动关系，以及放缩量的分配。

任务四　使用 CAD 排料时，掌握排料的套数设定，排料方式的选择。

任务一　插肩袖女大衣CAD板型制作

【任务导入】

在前面单元里，我们学习了男女西装，外套的板型制作，掌握了常见的外套的板型的制作方法，但对于大衣的板型制作还不了解，尤其是插肩袖的结构比较特殊，需要加强学习。

【任务分析】

该款大衣款式简洁大方，造型时尚宽松，插肩袖结构独特，符合大衣穿着舒适，方便的特点，在板型制作上需要适应现代化生产的需求。结构合理，工艺简便。

【任务准备】

对面料的性能要求较高，保暖性强，有一定的悬垂感，且挺括不宜变形。并做好缩水率测试。

【任务实施】

一、款式说明及尺寸规格

插肩袖女大衣从领口向袖窿斜向分割，插肩袖美观舒适，易穿脱。衣服整体宽松，体现插肩袖柔和之美，如图7-1所示。

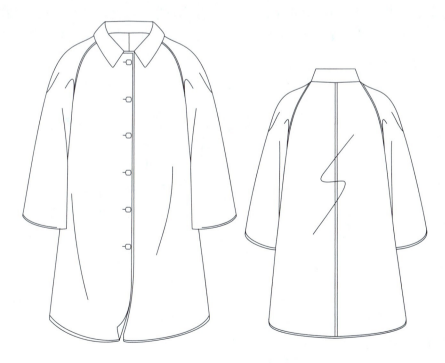

图7-1

✦ 提示

在服装结构设计中任何造型的袖子，几乎都是以袖窿尺寸为依据，所设计的袖子结构必须与身型的袖窿尺寸相吻合。无论是合体造型还是宽松造型，关键在于掌握其基本原理，把握好袖与身型的关系。对于袖子结构设计来说，决定插肩袖造型的不仅只限于袖山的高度，更重要的是袖山线倾斜角度决定着服装的外观造型，控制着人体运动的舒适度。

制图规格参考规格表7-1中160/84A号型数据。

表7-1 插肩袖女大衣成品规格表 （单位：cm）

部位	160/80A	165/84A	170/88A	档差
后中衣长	82.5	85	87.5	2.5
肩宽	37.8	39	40.2	1.2
胸围	101	105	109	4
袖长	54.5	56	57.5	1.5
袖口	13.5	14	14.5	0.5

二、原型的调取与调整（图7-2）

（1）选择【加入/调整工艺图片】工具▓，在界面空白处左键框选，选择新原型图。并删除部分辅助线，如图7-2中①所示。

（2）根据款式特点，用【旋转】工具▨将新原型后片部分肩省量分散至后领圈处0.3cm、后袖窿处0.8cm及后小肩留0.7cm，前片部分胸省量分散至领口处0.7cm、袖窿处1/3胸省量（图7-2中②）。分散后将原型处理成（图7-2中③）图，删除不必要的线条，准备进行插肩袖女大衣结构设计。

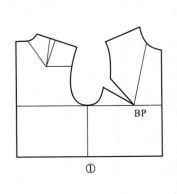
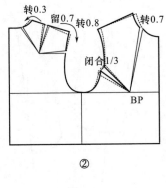
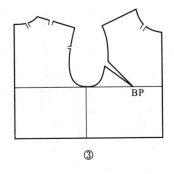

图7-2

三、后衣身结构设计（图7-3）

（1）选择【智能笔】工具✏，由后领点往下85cm定出后中衣长。后胸围增大1.5cm，袖窿加深4cm。底摆出外撇4cm，起翘1cm，如图7-3中①所示。

（2）选择【智能笔】工具✎，后领宽增大1cm，抬高0.5cm，后肩宽按1/2肩宽，抬高1cm。画出后领圈弧线及后小肩斜线，如图7-3中②所示。

（3）选择【智能笔】工具✎，在后领圈上由颈肩点量下3厘米处与袖窿底部连接斜线，选择【调整】工具✎，根据款式特点调整线条造型。G线处弧线较背宽缩进1cm，如图7-3中③所示。

✏ 提示

衣摆外撇量与起翘量大小一般成正比关系，一方面要根据款式特点来定；另一方面也要遵循大衣底摆与侧缝夹角接近90度角原则。以确保前后衣身拼合后底摆的平顺。

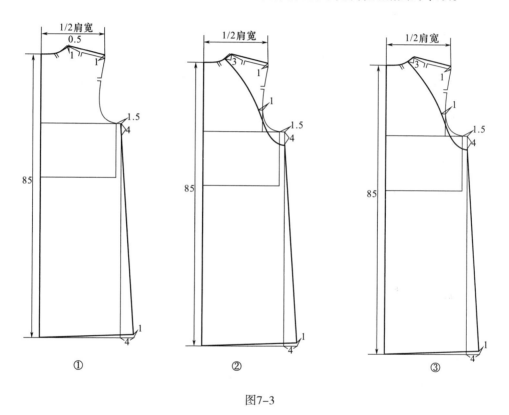

图7-3

三、后袖结构设计（图7-4）

（1）选择【智能笔】工具✎，按住【Shift】键的同时，在肩斜线靠近外端点处按住鼠标右键拖拉，将【智能笔】工具✎切换成丁字尺功能，将肩斜线延长1cm，过此点再次按住【Shift】键同时右键拖拉鼠标，水平垂直画出10cm线条各一条，取其角平分线并上抬0.5cm画出袖长线56cm，如图7-4中①所示。

（2）选择【智能笔】工具✎，在袖长线上按住【Shift】键同时，右键拖动鼠标使其变成三角尺工具，取袖山高13.5cm垂直画出袖肥线，过点G斜线连接袖窿底点A，过点G斜线连至袖肥线点B，使线GA等长于线GB，并画出于袖窿底部弧线接近的弧线，与衣身上端弧线连接圆顺，如图7-4中②所示。

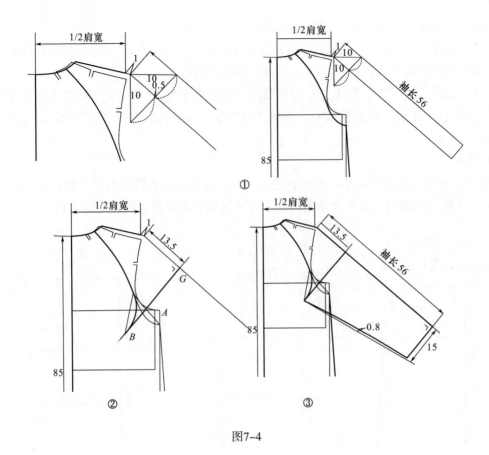

图7-4

（3）选择【智能笔】工具✎，在袖长线上按住【Shift】键同时，右键拖动鼠标使其变成三角尺工具，在袖口处垂直画出袖口线15cm，斜线连接袖肥点*B*与袖口大点，为保证袖型的美观及袖底缝与袖口线的垂直度，袖底缝内凹0.8cm，袖口大处起翘0.4cm，如图7-4中③所示。

四、前衣身结构设计（图7-5）

（1）选择【智能笔】工具✎，在前中心线上由腰间线往下48cm定出前中衣长。前胸围增大1.5cm，袖窿加深4cm。底摆处外撇4cm，起翘1cm，如图7-5中①所示。

（2）选择【智能笔】工具✎，侧缝4cm处斜线连接到BP点。选择【旋转】工具✄，合并袖窿原省量，张开腋下省，并保证袖窿弧线的整体圆顺度，如图7-5中②所示。

（3）选择【智能笔】工具✎，前领宽增大1cm，抬高0.5cm，前领加深3cm。前肩端点抬高1cm。前小肩长取后小肩长-0.3cm，画出后领圈弧线及后小肩斜线。前中拉出3cm叠门量，画出止口线，如图7-5中③所示。

（4）选择【智能笔】工具✎，在后领圈上由颈肩点量下4.5cm处与袖窿底部连接斜线，选择调整工具▸，根据款式特点调整线条造型，如图7-5中④所示。

五、前袖结构设计（图7-6）

（1）选择【智能笔】工具✎，按住【Shift】键同时，在肩斜线靠近外端点处右键鼠

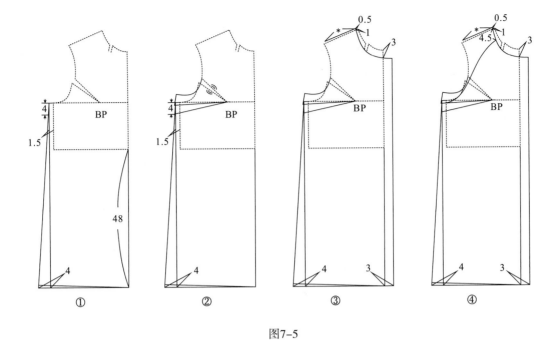

图7-5

标，将肩斜线延长1cm，过此点右键将【智能笔】工具 ✐ 切换成丁字尺功能，水平垂直画出10cm线条各一条，取其角平分线并画出袖长线56cm，如图7-6中①所示。

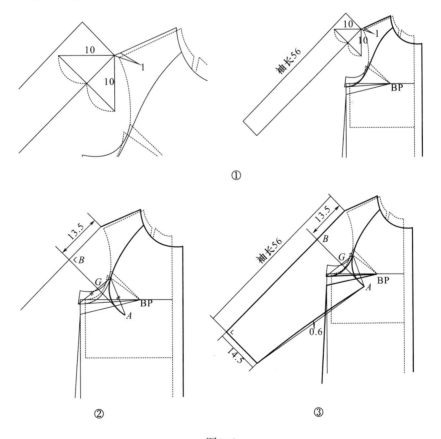

图7-6

（2）选择【智能笔】工具✐，在袖长线上按住【Shift】键同时，右键拖动鼠标使其变成三角尺工具，取袖山高13.5cm垂直画处袖肥线，过点G斜线连接袖窿低点A，过点G斜线连至袖肥线点B，使线GA等长于线GB，并画出于袖窿底部弧线接近的弧线，与衣身上端弧线连接圆顺，如图7-6中②所示。

（3）选择【智能笔】工具✐，在袖长线上按住【Shift】键同时，右键拖动鼠标使其变成三角尺工具，在袖口处垂直画出袖口线14.5cm，斜线连接袖肥点B与袖口大点，为保证袖型的美观及袖底缝与袖口线的垂直度，袖底缝内凹0.6cm。最后连接修顺前肩斜线与袖长线，使之整体圆顺饱满，如图7-6中③所示。

六、领型结构设计（图7-7）

（1）选择【长度比较】工具✐，分别量取并记录前后领圈尺寸，选择【智能笔】工具✐，画出领中垂直线及与至垂直的领基本线，取领中凹势4cm，领中宽8cm，领底取水平直线后领圈长，选择【圆规】工具Ａ斜线连至领基本线，使斜线长度为前领圈弧线长度。选择【智能笔】工具✐，过端点分别做垂直线和该斜线的垂线段1.5cm，定出前领座高。在领外口直线上由垂线处往外延伸6cm，定出领角斜线。定领角长9cm画出领外口弧线。并确保与领中线保持垂直，如图7-7中①所示。

（2）选择【长度比较】工具✐，画出领子翻折虚线，选择【圆角】工具✐，根据领型特点画出领尖圆角，修顺领底弧线及领外口弧线，如图7-7中②所示。

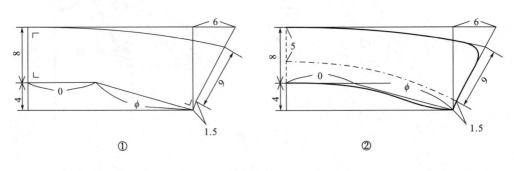

图7-7

七、前后衣片的切展（图7-8）

（1）为了操作方便、结构更加清晰，根据款式衣身A型的特点，选择【移动】工具✐，将前衣身基本结构线条复制移动到空白处。选择【智能笔】工具✐，过省尖点做辅助线到底摆弧线，按住【Shift】键的同时框选底摆弧线，将【智能笔】工具转换成【剪刀】工具，将底摆在辅助线处剪断，如图7-8中①所示。

（2）选择【旋转】工具✐，旋转合并原来的胸省量，展开底摆。选择【智能笔】工具✐，画顺底摆展开弧线，如图7-8中②所示。

（3）选择【移动】工具✐，将前衣身基本结构线条复制移动到空白处。选择【智能笔】工具✐，过袖窿弧线中点做辅助线到底摆弧线，按【Shift】键的同时框选底摆弧线，将【智

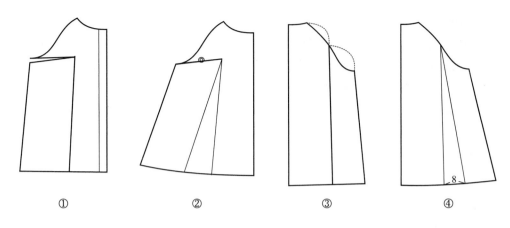

图7-8

能笔】工具转换成【剪刀】工具，将底摆在辅助线处剪断，如图7-8中③所示。

（4）选择【旋转】工具 ，旋转展开底摆8cm。选择【智能笔】工具 ，画顺底摆展开弧线，如图7-8中④所示。

八、结构图整理与标注 （图7-9）

选择【智能笔】工具 ，在前衣片门襟处根据款式特点画出扣位。首先确定第一及最后一颗扣位，中间扣位按总扣数减1等分定位。在各裁片合适部位标出正确的丝缕符号，如图7-9所示。

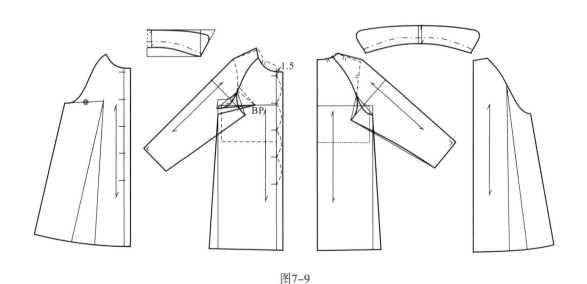

图7-9

🖋 提示

丝缕符号的标注要求需遵循企业生产板型要求，每片的丝缕符号长度原则上不小于该裁片长度的1/2，以确保排料裁剪时对丝缕要求的精确度把控。

【任务小结】

本任务从学生实际出发，从如何调取女装原型入手，分析了女装原型省道的分散方法，及原型在宽松型插肩女大衣中的运用，其中，插肩袖的绘制为本任务的重点和难点，本任务中采用等边三角法定插肩袖斜角度，操作简便直观。在整件大衣制板中使用了多种常用工具，要求板型设计制作线条流畅尺寸符合标准，制图符号标注规范。各个拼接部位检查调整。

【任务评价】

表7-2

内容	评分项目	评分点	扣分说明（扣完为止）	分值
插肩袖女大衣CAD板型制作	样板结构	1. 结构设计正确、合理，符合服装款式造型要求，体现电脑纸样设计过程（35分） 2. 线条流畅、规范（30分） 3. 制图符号、对位标记标注正确、清晰，无遗漏（20分）	1. 结构设计不合理的扣5分 2. 前、后衣片、领子、袖子结构不准确每处扣3分 3. 前、后衣片线条不流畅、轮廓线不准确每处扣3分 4. 前、后衣片制图符号不正确，有遗漏等每处扣2分 5. 样片遗漏、丢失扣10分 6. 样板包括净样板、零部件缺其中一种板扣3分 7. 制图符号标注不正确、不清晰，有遗漏每处扣3分	100分
	样板规格	1. 成品规格尺寸与样衣相符（12分） 2. 成品规格不超过行业标准的允许公差（3分）	1. 前、后衣片规格尺寸与服装号型以及设计稿的效果不符每处扣3分 2. 成品规格超过了行业标准允许的公差扣3分	

思考与练习

综合实训

1. 前后衣片、袖片板型制作。

2. 领子的板型制作。

习题

1. 论述女装原型转男西装的操作过程。

2. 应用服装CAD软件的打板系统，按照下表中的规格和图7-1所示的款式图，参照本书中的制图步骤，完成插肩袖女大衣的CAD制图，号型为160/84A（表7-3）。

表7-3 （单位：cm）

部位	衣长	胸围	肩宽	袖长	袖口
尺寸	85	105	39	58	14

任务二　插肩袖女大衣CAD工业样板制作放缝设计

【任务导入】

前面我们已经完成插肩袖女大衣基础样板的制作。下面的工作任务是对基础样板进行加放缝份；确定丝缕方向；打剪口；确定扣眼和纽扣位置，规范插肩袖女大衣工业样板。

【任务分析】

根据款式资料，拾取各裁片样板，根据款式特征和工艺需求对各裁片进行放缝处理，布纹线，眼刀位及其他工业样板规范化处理细节。使之成为适合工业生产用样板。

【任务准备】

仔细检查每个裁片轮廓线条是否闭合，轮廓线在推档点必须剪断。在系统设置里选择设置好刀眼、布纹线形态大小及自动放缝大小，在菜单栏款式资料里设置好款式资料，纸样资料。

【任务实施】

一、衣片放缝

（1）拾取样片　用【剪刀】工具，按照顺时针方向单击裁片轮廓线拾取样片，完成后单击右键，选择关键部位结构线，为放码做好准备如图7-10所示。复制前后衣片，袖片和领片样板以备做里料样板所用，如图7-11所示。将复制的前衣片用【分割纸样】工具根据过

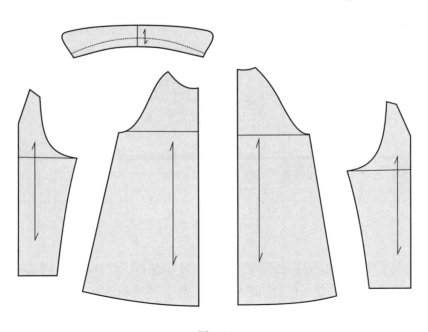

图7-10

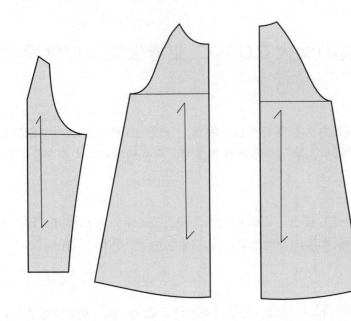

图7-11

面位置切开纸样，分开前片里纸样与过面纸样，如图7-12所示。

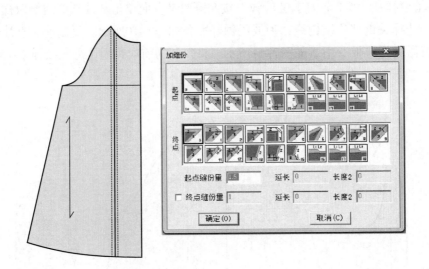

图7-12

（2）加缝份：用【加缝份】工具，对各弧线、领口、底摆、袖口等特殊部位进行缝份修改，对于缝份量一样的线条可以同时框选并右键，弹出对话框，调整缝份大小。如前后衣片的底摆可以用工具同时框选后右键，并在弹出对话框内输入修改的缝份大小，选择翻转角工具做好特殊缝份反转角处理，如图7-13所示。

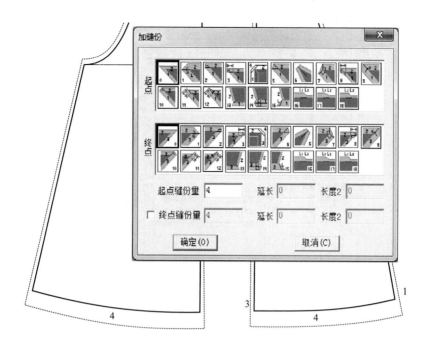

图7-13

（3）打剪口：使用【剪口】工具，在相应部位打好剪口。并左键对应剪口拖动调整到所需的角度，如图7-14所示。

（4）裁片信息录入：双击纸样栏裁片，弹出下列对话框，如图7-15所示，根据裁片依次输入纸样信息，包括纸样名称、布纹反向、纸样份数等。

（5）布纹线信息：布纹线信息包括号型名、款式名、纸样名、客户名、订单名、布料类型、缩水率等信息，设置好这些信息为查询、制作工艺样板、排料、放码、写工艺单、裁床等提供了基础样板信息。设置好布纹信息是工业化生产关键的一步。布纹线上下方的文字，可根据需求灵活选用，如图7-16所示。

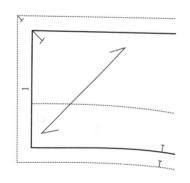

图7-14

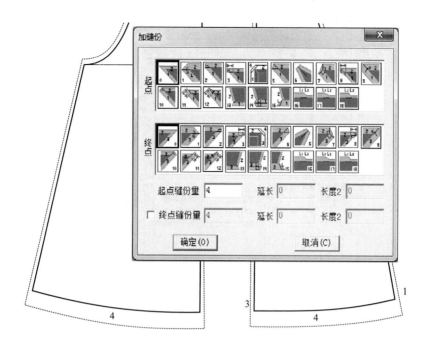

图7-15

图7-16

（6）扣眼位：设置扣眼位有两种方法，一种是已知线段长度，另一种是根据门襟长度设定扣眼位置，还可以根据需要设定扣眼的形状角度等。

（7）衬料样板：采用复制纸样，纸样切割的方法完成衬料样板，如图7-17所示。

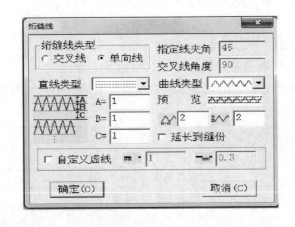

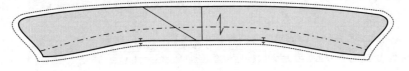

图7-17

二、绘制完成图

面、里、衬纸样完成效果，如图7-18所示。

图7-18

✒ **提示**

1．拾取样片时最好按样片轮廓线有序拾取，养成良好的操作习惯，可以避免漏拾或拾错轮廓线等问题出现。

2．大衣后中缝缝份可适当增宽，以保证良好的牵制性，增加穿着牢度的同时可以减少因穿着和重力作用产生的变形。

3．为了有效区分前后袖片，可以以前后袖窿弧线和袖山弧线上的刀眼做区分，如分别在前袖窿弧线和袖山弧线的对位眼刀设置单眼刀，在后袖窿弧线和袖山弧线的对位眼刀上设置双眼刀。

4．里料样板考虑里料用料特性及工艺要求，纵向缝份因略加大。如：面料放缝1cm，里料放缝可以考虑1.3cm。

5．对于各裁片特殊缝份，要考虑与其缝合裁片的对应缝份应一致，如领圈弧线的缝份和领底弧线的缝份宽窄要一致。袖山弧线和袖窿弧线的缝份宽窄要一致。

【任务小结】

本任务从实际生产出发，合理安排学习任务，通过"任务实施"从如何拾取样片入手到加放缝份、布纹线信息、加扣眼位置，使学生全方位的了解服装工业样板制作方法。

【任务评价】

任务评价见表7-4。

表7-4

内容	评分项目	评分点	扣分说明（扣完为止）	分值
插肩袖女大衣CAD板型放缝	样板放缝	1．放缝准确、均匀（5分） 2．转角处理准确、圆顺（5分）	1．前、后衣片放缝不准确每处扣2分 2．袖窿、袖山、下摆等弧线处理不顺，不到位每处扣2分 3．各裁片对应拼合部位缝头大小不一致，每处扣2分	15分

思考与练习

综合实训

1. 加缝份、设置剪口位置。

2. 填写款式资料、纸样资料、设置布纹线信息。

3. 添加扣眼和纽扣位置。

习题

1. 叙述加缝份工具、剪口工具操作要领。

2. 叙述加扣眼、设置纽扣的操作要领。

3. 款式资料、纸样资料、布纹线的设置方法。

4. 应用服装CAD软件的打板系统，按照表7–5中的规格和图7–19所示的款式图，参照本书中的制图步骤，完成女大衣纸样工业样板制作，号型为165/84A。

表7–5
（单位：cm）

部位	衣长	胸围	肩宽	袖长	袖口
规格	85	105	39	56	14

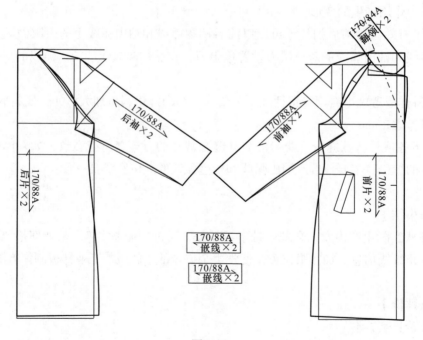

图7–19

任务三　插肩袖女大衣的CAD放码

【任务导入】

我们已经完成了订单基础样板的制作。下面的工作任务是根据基础样板进行放码。

【任务分析】

样片放码，样片结构不能有变化，特别注意尺寸、弧线形状外观。保持服装造型、结构的相似和不变。

【任务准备】

检查基础样板的放码点，设置是否合理。各部位的档差要符合企业的生产习惯。

设置各部位档差数值：

（1）单击菜单栏中【号型】菜单，选择下拉菜单栏里的【号型编辑】，弹出【设置号型规格表】对话框，分别设置各部位档差数值，单击【号型名】修改号型，单击号型名后方【色彩小框】修改号型对应的颜色，如图7-20所示。

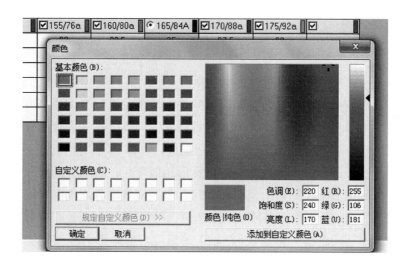

图7-20

（2）在中间码输入各部位规格尺寸，并根据各部位档差数据，采用组内档差工具，显示出区域号型各部位规格。并单击右下角确定设置，关闭对话框。设置档差数值如图7-21所示。

将需要推板的各个裁片毛缝份隐藏，可以按【F7】直接隐藏，或用【加缝份】工具　双

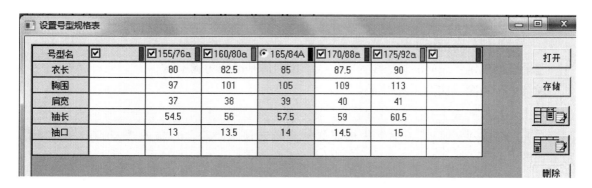

号型名	☑	☑155/76a	☑160/80a	⦿165/84A	☑170/88a	☑175/92a	☑
衣长		80	82.5	85	87.5	90	
胸围		97	101	105	109	113	
肩宽		37	38	39	40	41	
袖长		54.5	56	57.5	59	60.5	
袖口		13	13.5	14	14.5	15	

图7-21

击某一放码点，填出对话框，并将缝份量设置为0，如图7-22所示。

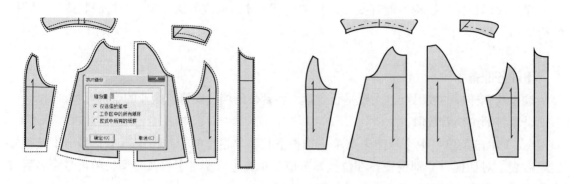

图7-22

✒ **提示**

为了学习者便于观察学习，掌握放码操作要领，本章推档采用净缝等差推档。

成衣推板是成衣制板的一部分，它是以中间规格（也可以用最大规格或最小规格）的标准，兼顾各个规格或号型系列之间的关系，进行科学的计算，正确合理的分配档差，绘制出各个规格和号型系列的裁剪用样板的方法，通称推板，也称放码、推档或扩号。

推板的原理：推板原理来自于数学中的任意形相似变化，各衣片的绘制以各部位间的尺寸差数为依据，按部位分配放缩量。但在推画时，首先应选定各规则纸样的固定坐标原点，成为统一的放缩基准点（各衣片有多种基准点选位，可根据需要选择）。

工业推板的放缩基准点和基准线（坐标轴）的定位与选择要注意三个方面的因素：

（1）要适应人体体型变化规律。

（2）有利于保持服装造型、结构的相似和不变。

（3）便于推画放缩和保持纸样的清晰。

推板的原则：

（1）服装的造型结构不变，是"形"的统一。

（2）推板是制板的再现，是"量"的变化。

【任务实施】

一、前片放码（推板）

基准线的确定：纵向的基准线为前中线，横向的基准线为胸围线。

前片放码总图，如图7-21所示。

单击【点放码表】[图标]，弹出对话框，输入各对应放码点档差，如图7-23所示。

（1）点A：前领口点，纵向为袖窿深档差减去领深档差，dY输入档差0.6，横向不缩放，如图7-24所示。

（2）点B：前颈肩点，纵向为袖窿深档差，dY输入档差0.8，横向为1/5领围档差数值，dX输入档差0.2，如图7-24所示。

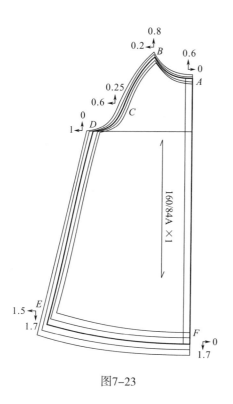

图7-23

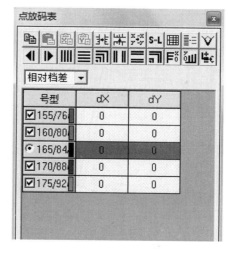

图7-24

（3）点*C*：前袖窿点，dY输入档差0.25；横向为胸宽档差数值，dX输入档差0.6，如图7-25所示。

（4）点*D*：前胸围点，纵向在基础上先不推档，横向为1/4胸围档差数值，dX输入档差1，如图7-24所示。

（5）点*E*：前侧底摆点，纵向为衣长档差剪袖窿深档差，dY输入档差1.7；横向为1/4摆围档差数值，dX输入档差1.5，如图7-26所示。

（6）点*F*：前中底摆点，纵向为衣长档差剪窿深档差，dY输入档差1.7；横向在基础上先不推，如图7-26所示。

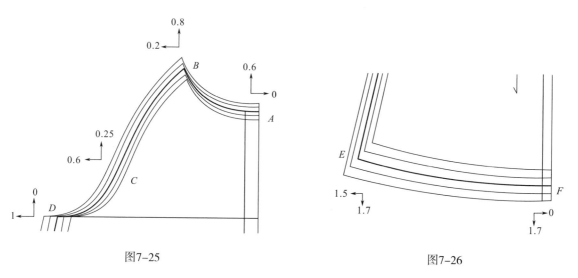

图7-25　　　　　　　　　　　　　图7-26

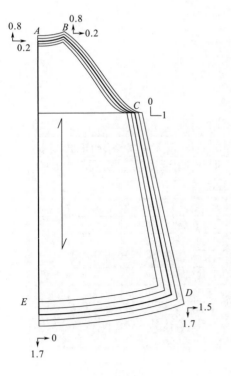

图7-27

二、后片放码

基准线的确定：纵向的基准线为后中线，横向的基准线为胸围线。后片放码总图，如图7-27所示。

后片部分放码点放码数值与前片一致，可以采用【拷贝放码点】工具 ，并在弹出的对话框里勾选【X→-X】选项，如图7-28所示。依次单击被拷贝点和放码点，也可用点放码工具各点逐个放码。

（1）点A：后领中点，纵向为袖窿深档差，dY输入档差0.6；横向不缩放，如图7-28所示。

（2）点B：后颈肩点，纵向为袖窿深0档差，dY输入档差0.8；横向为1/5领围档差数值，dX输入档差0.2，如图7-28所示。

（3）点C：后袖窿袖点，纵向在基础上先不推；横向为1/4胸围档差数值，dX输入档差1，如图7-27所示。

（4）点D：后胸围点，纵向为衣长档差剪窿深档差，dX输入档差1.7；横向为1/4摆围档差数值，dX输入档差1.5，如图7-28所示。

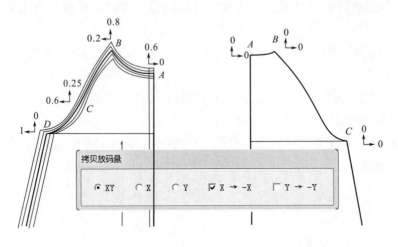

图7-28

（5）点E：后侧底摆点，纵向为衣长档差剪窿深档差，dX输入档差1.7；横向在基础先上不推，如图7-29所示。

（6）点F：后中底摆点，纵向为衣长档差剪窿深档差，dY输入档差1.7；横向在基础上先不推，如图7-29所示。

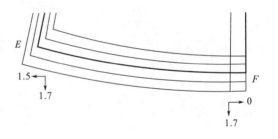

图7-29

三、前后袖片放码

基准线的确定：纵向的基准线为袖中线。横向的基准线为袖肥线。

袖片放码总图，如图7-30所示。

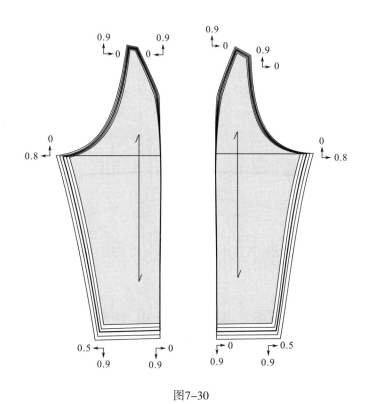

图7-30

（1）点A：前插肩颈肩点，纵向为4/5袖窿深档差加0.3小肩档差，dY输入档差0.9；横向不缩放，如图7-31所示。

（2）点B：前插肩颈分割点，纵向为4/5袖窿深档差加0.3小肩档差，dY输入档差0.9；横向不缩放，如图7-31所示。

（3）点C：前袖肥点，纵向在基础先上不推；横向为4/5胸围档差数值，dX输入档差0.8，如图7-31所示。

（4）点D：前袖口大点，纵向为袖长档差减袖山深档差，dY输入档差0.9；横向为袖口档差数值，dX输入档差0.5，如图7-32所示。

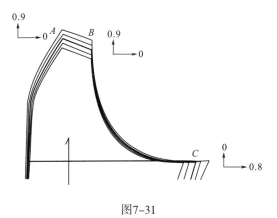

图7-31

（5）点E：前袖口中点，纵向为袖长档差减袖山深档差，dY输入档差0.9；横向在基础上先不推，如图7-32所示。

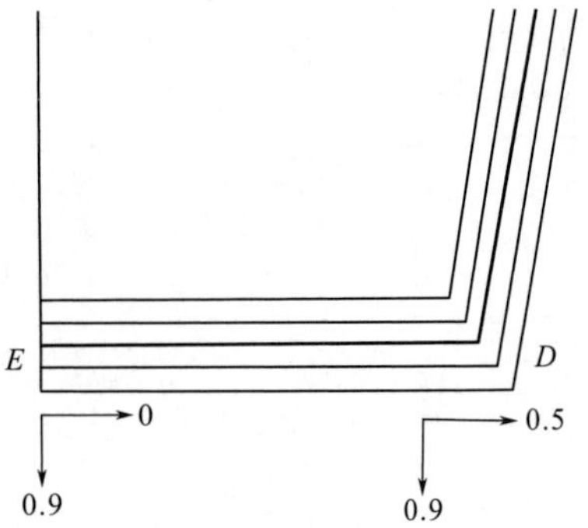

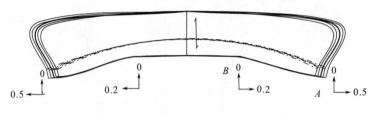

图7-32

后袖片部分放码点放码数值与前袖片一致，可以采拷贝【放码点】工具 ▣，并在弹出的对话框里勾选【X→-X】选项。依次单击被拷贝点和放码点，也可用【点放码】工具各点逐个放码。

四、领片放码

基准线的确定：纵向的基准线为领中线，横向的基准线为外口线。领片放码总图，如图7-33所示。

（1）点A：领角点，领宽不推，dY输入档差0；横向按1/2领围档差推，dX输入档差0.5，如图7-33所示。

图7-33

（2）点B：对眼刀点，领宽不推，dY输入档差0；横向按横开领档差推，dX输入档差0.2。领子左右对称，放码量一致，方向相反，如图7-33所示。

五、过面放码

基准线的确定：纵向的基准线为前中心线，横向的基准线为胸围线。

（1）点A：纵向为窿深档差减领深，dY输入档差0.6；横向不缩放，如图7-34所示。

（2）点B：纵向为袖窿深档差减领深，dY输入档差0.6，横向不缩放，如图7-34所示。

（3）点C：纵向为衣长档差减袖窿深档差，dY输入档差1.7，横向不缩放，如图7-35所示。

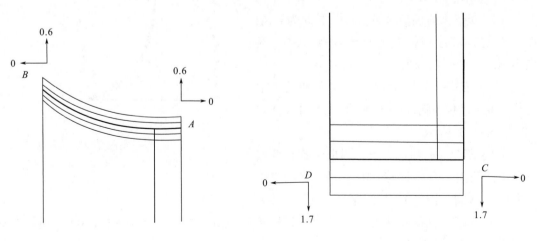

图7-34

图7-35

（4）点D：纵向为衣长档差减袖窿深档差，dY输入档差1.7，横向不缩放，如图7-34所示。

【任务小结】

本任务从实际生产出发，合理安排学习任务，通过"任务实施"，详细的叙述了各部位放码的原理，学生不必死记硬背，通过计算可以得到各放码点的数值。介绍了如何放码样片不变形，介绍了如何检查放码量，确保各号型样板的准确性。

【任务评价】

任务评价见表7-6。

表7-6

内容	评分项目	评分点	扣分说明（扣完为止）	分值
插肩袖女大衣CAD放码	放码	1. 样板放码码数齐全、部件完整、线条缩放后走形符合款式造型要求（12分） 2. 纱向、裁片数、对位记号标注齐全准确无误（5分） 3. 公共线确定合理，各部位档差标注明确（3分）	1. 样板放码码数不齐全、部件漏项、线条缩放后走形的、档差数不规范每处扣5分 2. 纱向、裁片数、对位记号标注不准确，不齐全每处扣1分 3. 公共线确定不合理，各部位档差标注不明确每处扣1分	20分

思考与练习

综合实训

1. 前后衣身的放码。

2. 前后袖片的放码。

3. 领片与过面的放码。

习题

1. 叙述前后衣片放码的原理和数值。

2. 应用服装CAD软件的打板系统，按照下表中的规格，用上模块中完成的女大衣样板图，参照本书中的制图步骤，完成插肩袖女大衣的CAD放码（表7-7）。

表7-7 成品规格表

（单位：cm）

部位	160/80A	165/84A	170/88A	档差
后中衣长	82.5	85	87.5	2.5
肩宽	37.8	39	40.2	1.2
胸围	101	105	109	4
袖长	54.5	56	57.5	1.5
袖口	13.5	14	14.5	0.5

任务四　插肩袖女大衣CAD板型排料

【任务导入】

在之前的学习过程中，我们已经掌握了插肩袖女大衣的样板制作，放码方法，也学习了样板排料的方法，下面我们就这款服装，针对定制要求，进行一套纸样的排料出图学习。

【任务分析】

排料的目的就是省料，针对不同的门幅宽度，排料将会有所不同。

【任务准备】

检查导入样板的每个衣片份数，裁片布纹设置是否合理。

【任务实施】

一、设置参数

单击【绘图】工具 ，弹出绘图对话框图，单击右下角【设置】按钮，弹出绘图仪对话框，设置纸张大小，根据绘图仪纸张门幅略缩进5cm尺寸来定，如图7-36所示。

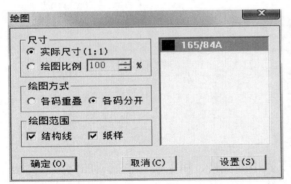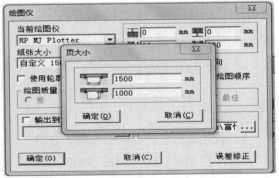

图7-36

二、手动排板

按快捷键【F10】显示排板虚线，将面里衬样板依次手动拖动到虚线框，尽可能保证裁片都在排料区域的前提下，紧凑排料。如图7-37所示，为了裁剪时的方便，面、里、衬三类板按类别尽可能集中排板，考虑节约图纸，可根据排板需要分别选择【旋转衣片】工具 和【水平垂直翻转】工具 对部分样板进行旋转，翻转。翻转工具可以按【Shift】键选择水平或垂直翻转。以上操作是针对单件出图的操作，排板时裁片的丝缕，方向不做要求，出图完毕后应各片分开后在面料上根据需要正确排料。

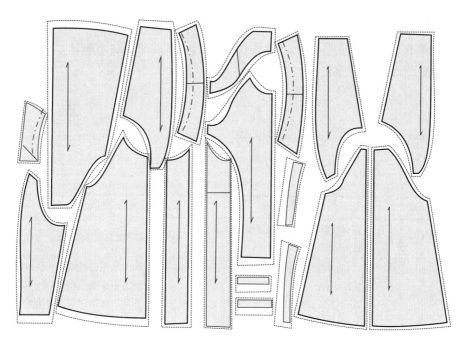

图7-37

三、导出绘图文件

再次单击【绘图工具】，弹出绘图对话框，如图7-38所示单击右下角【设置】按钮，弹出【绘图仪】对话框，设置右下方【工作目录】，找出路径。按【确定】关闭设置。勾选【输出到文件】，设置选择PLT文件存储路径，一般可以再桌面新建一个文件夹，按【确定】导出PLT文件。

图7-38

✐ 提示

PLT文件是CAD的打印格式文件，是一种专门用于喷图打印而制作的图形的打印文件，就是可以让你先把要打印的图形做成文件的形式保存，以后再打印。所以PLT文件的意义就是为了打印，而不是图形的保存格式。另外，这种格式还可用CADIEW软件查看，非常方便实用。

【任务小结】

本任务从单衣定制操作实际出发，合理设置图纸尺寸，设置绘图路径，正确排料。规范导图，为打印出图做好了从分准备。

【任务评价】

任务评价见表7-8。

表7-8

内容	评分项目	评分点	扣分说明（扣完为止）	分值
插肩袖女大衣CAD板型排料	绘图参数设置	正确根据打印纸门幅宽度正确设置绘图参数（5分）	纸张宽度设置错误扣5分	5分
	手工排板	1. 排板紧凑、合理，不超出设定的排板区域（3分） 2. 面板、里板、衬板分类排放（2分） 3. 熟练对样板进行旋转，翻转（2分）	1. 裁片超出排板区域一处扣1分 2. 裁片有交叠一处扣1分 3. 面里衬样板排放杂乱扣2分 4. 排板操作不熟练扣2分	7分
	导出绘图文件	正确导出PLT文件并保存（3分）	1. 导出PLT文件错误扣2分 2. 保存路径错误扣1分	3分

思考与练习

综合实训

1. 各类绘图参数的设置练习。

2. 手工排板练习。

3. PLT文件导出练习。

习题

1. 论述单衣CAD出图的过程。

2. 论述CAD排料和绘图排板的区别。

第八单元　典型案例分析

学习任务

本章节以女装原型制板与放码为基础，并简单介绍原型在近三年全国职业院校技能大赛中职服装 CAD 试题及部分流行款式板型设计中的运用。

总体目标

运用 CAD 软件熟练、正确地完成新原型板型制作，为成衣板型设计打好良好基础。了解今年来全国职业院校技能大赛的趋势，掌握原型法制板方法和原理。

重点提示

任务一　正确规范的制作新原型样板，了解新原型推板原理。

任务二　了解近年大赛 CAD 试题及板型制作要求，掌握关键部件的板型设计与处理。

任务三　掌握运用原型进行板型制作的方法和原理。

任务一　女装原型板型制作与放码

【任务导入】

原型法作为一种简单、实用的平面样板设计方法，得到了广泛的应用。女装原型板样是服装结构设计的基础图形，是结构最简单且能包含人体最基本的尺寸信息的纸样。掌握女装原型板型制作是打好女装板型的关键。

【任务分析】

女装原型是服装结构构图的过渡形式，并非服装结构图的最终形式。通过对基础板样的旋转、剪切、折叠、加放松量等变形方法，采用省道、折裥、抽褶、分割、连省成缝等各种结构形式，便可形成所需的服装结构图。

【任务准备】

一、款式说明

由于地域相邻，人种体型相同，文化相近等多方面的原因。日本文化式原型在中国得到比较广泛的运用。本模块，将以日本文化服装学院推出的第八代文化式原型为例，如图8-1所示，对其进行板型设计与放码处理。

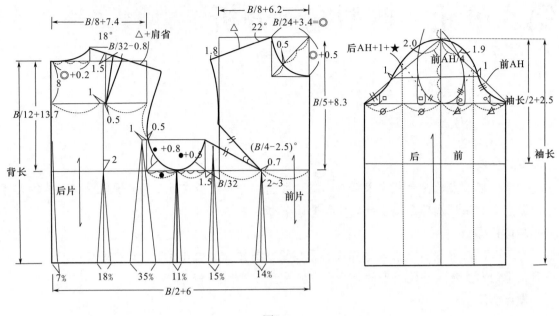

图8-1

二、原型制图规格表

原型165/84A制图规格见表8-1。

表8-1   （单位：cm）

部位	净胸围	胸围松量	净腰围	腰围松量	背长	袖长
尺寸	84	12	66	6	38	51

【任务实施】
一、前后衣身板型制作

（1）选择【智能笔】工具 ✐，快捷键【F】，左键拖动画长为48cm（*B*/2+6），宽为38cm的矩形，如图8-2所示。

（2）胸围线：选择【智能笔】工具 ✐，快捷键【F】，单击上平线且向下拖动，拉出间

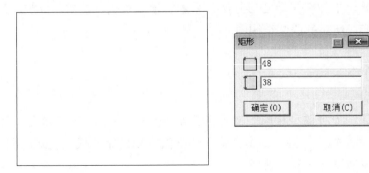

图8-2

距为20.7cm（$B/12+13.7$）的平行线，得到胸围线，如图8-3所示。

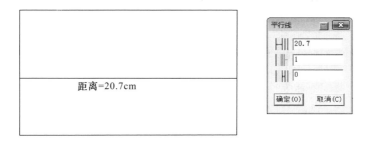

图8-3

（3）用【智能笔】工具 ✐ 在胸围线上分别画出背宽线17.9cm（$B/8+7.4$）和胸宽线16.7cm（$B/8+6.2$）的位置，如图8-4所示。

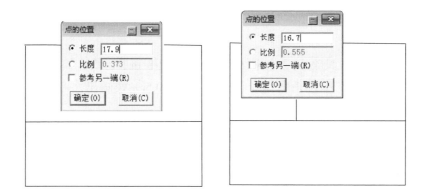

图8-4

（4）用【智能笔】工具 ✐ 从胸围线上拉平行线25.1cm（$B/5+8.3$），得到前上平线，如图8-5所示。

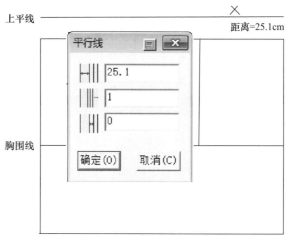

图8-5

（5）选择【智能笔】工具✐，采用单侧修正，将前胸宽线和前中心线修正到前上平线。并分别角修正前上平线与前胸宽线，后上平线和后背宽线，如图8-6所示。

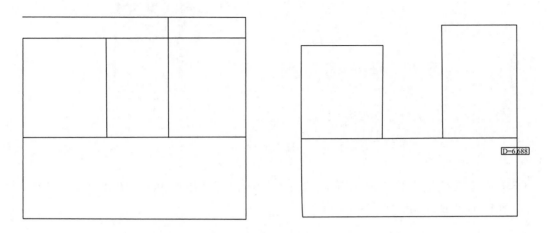

图8-6

（6）用【智能笔】工具✐从后上平线向下拉出间距8cm平行线，如图8-7所示。

（7）用【智能笔】工具✐由背宽线下段中点向下0.5cm处画出水平线至前胸宽线，如图8-8所示。

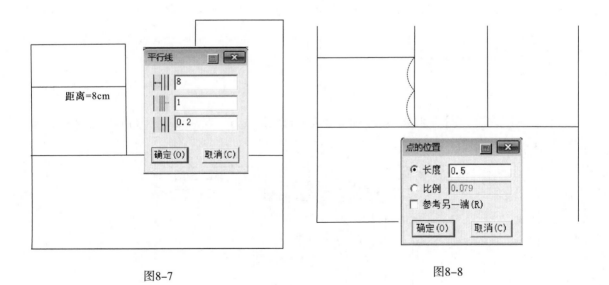

图8-7   图8-8

（8）用【智能笔】工具✐在胸围线上由胸宽点处向左画出$B/32$宽的垂直线，并修正，如图8-9所示。

（9）用【智能笔】工具✐在胸围线前后窿宽1/2处向下画出侧缝线，如图8-10所示。

（10）在前上平线画出前领横开领宽$B/24+3.4cm$，前直开领深为横开领宽+0.5，如图8-11所示。

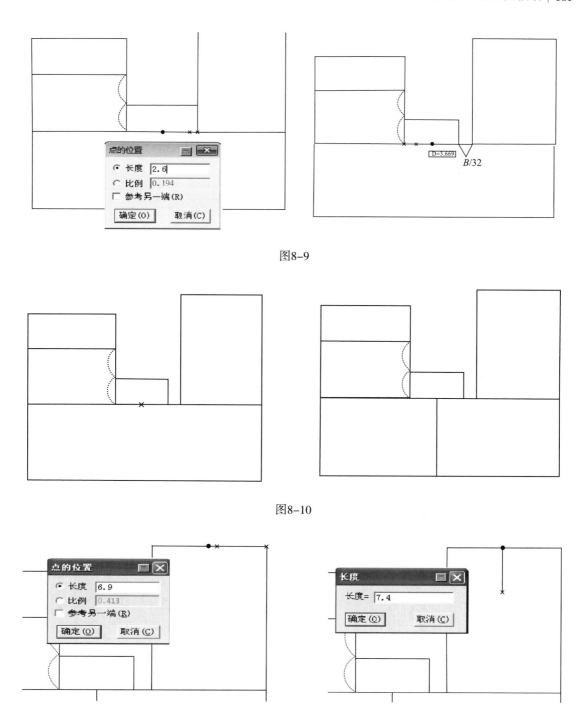

图8-9

图8-10

图8-11

（11）用【智能笔】工具 ✐ 连接前领圈矩形对角线并三等分，过颈肩点、对角线1/3点下偏0.5点与前中心线领点画出领圈弧线，如图8-12所示。

（12）选择【角度线】工具 ✷，单击前片颈肩点及前胸宽与上平线交点，拖动并在对话框输入前肩斜22°画出前肩斜线。选择【智能笔】工具 ✐，按住【Shift】键同时，左键单击

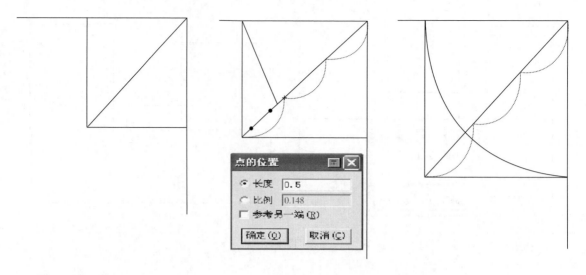

图8-12

肩斜线，在肩斜线与前胸宽交点处延长肩斜线1.8cm，如图8-13所示。

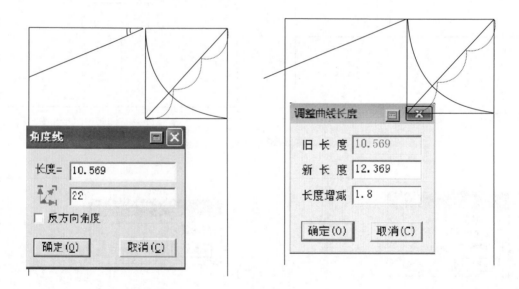

图8-13

（13）选择【智能笔】工具✐，连接前胸宽/2偏袖窿0.7cm点与胸省外端点。选择角度线工具✐，单击胸省线两端点，并向上拖动，在弹出的对话框内输入胸省角度−18.5°；并修正新省边长度，使之与第一道省边等长，如图8-14所示。

（14）选择【智能笔】工具✐，在前袖窿夹角内画出长2.3cm的角平分线，曲线连接省根点，角平分线端点，前胸侧点，画出前袖窿弧线下端弧线；曲线连接肩端点，前胸宽点，另一胸省根点，画出前袖窿上端弧线并调顺，如图8-15所示。

（15）选择【智能笔】工具✐，在后平线上取7.1cm，向上画后横开领大/3的垂直线，曲

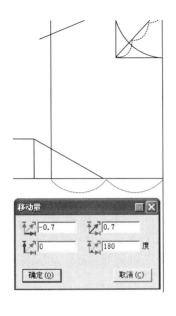
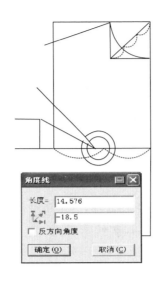
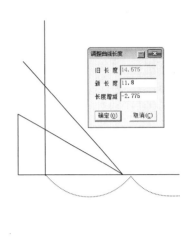

图8-14

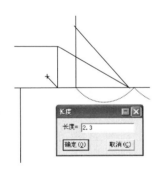
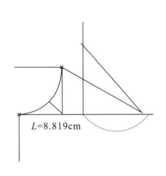
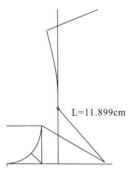

图8-15

线连接后领中点与后颈肩点，画出后领圈弧线，如图8-16所示。

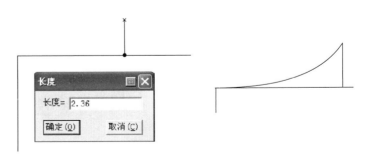

图8-16

（16）选择【角度线】工具 ，画出后肩斜度18°。用【比较长度】工具 测量前小肩长度，12.741cm，修正后小肩长度为14.1cm（前小肩长度+B/32-0.8），如图8-17所示。

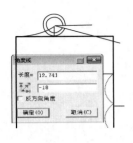
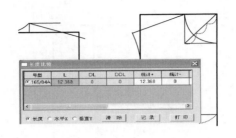
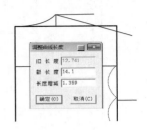

图8-17

（17）选择【智能笔】工具⟋，画出后袖窿对角线长为2.6cm，曲线连接后肩点，后背宽点，角平分线端点和后胸侧点，并调顺弧线为后袖窿弧线，如图8-18所示。

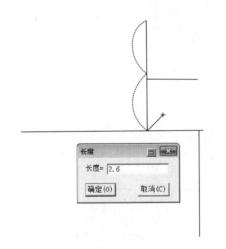
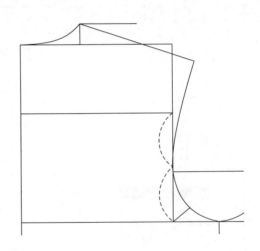

图8-18

（18）选择【智能笔】工具⟋，取后背宽中点偏袖窿1cm为肩省省尖点，向上画垂线与肩斜线相交，过交点在肩斜线上取1.5cm连接到省尖点，画出肩省大为1.8cm，如图8-19所示。

（19）选择【智能笔】工具⟋，过BP点向下画垂直线至腰节线，胸围线向下2cm为省尖点，画省大1.9cm，如图8-20所示。

（20）选择【智能笔】工具⟋，过前袖窿宽往里1.5cm处画垂直线到腰节线，画出前侧省大2.1cm，如图8-21所示。

（21）选择【智能笔】工具⟋，鼠标单击袖窿点G，按回车键，输入水平偏移量1cm，画垂直线到腰节线，画出后侧省大5cm，如图8-22所示。

（22）选择【智能笔】工具⟋，过后肩省点偏中0.5cm处画垂直线到腰节线，以胸围线向上2cm处为省尖点，画出后片省大2.5cm，如图8-23所示。

（23）选择【智能笔】工具⟋，画出后中省大1cm。侧缝省大1.5cm，如图8-24所示。

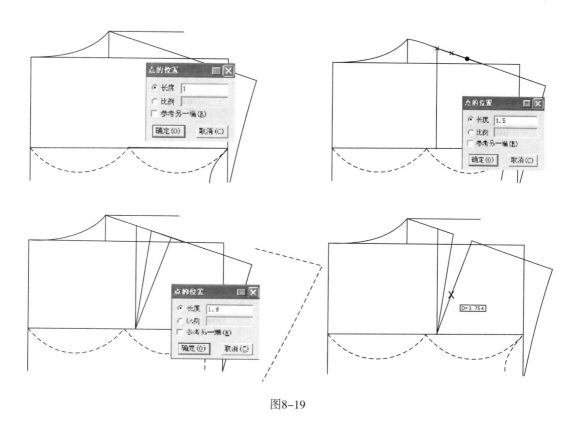

图8-19

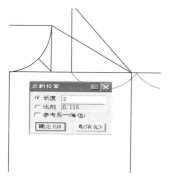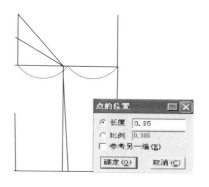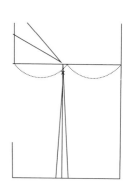

图8-20

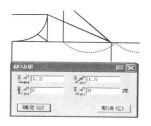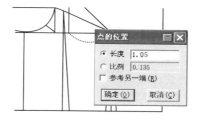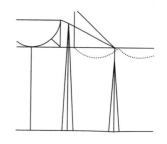

图8-21

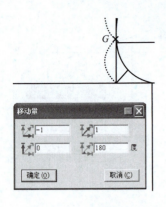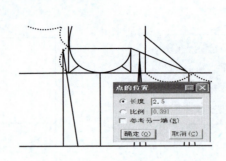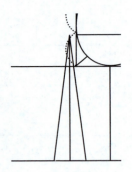

图8-22

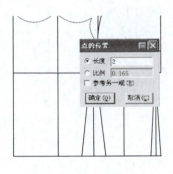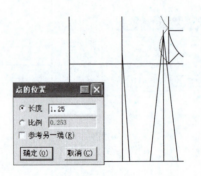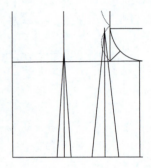

图8-23

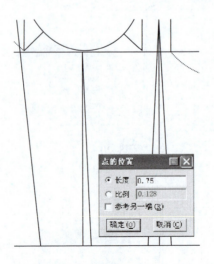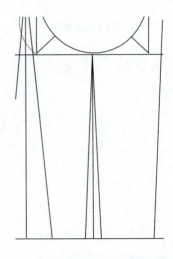

图8-24

（24）衣身原型完成图，如图8-25所示。

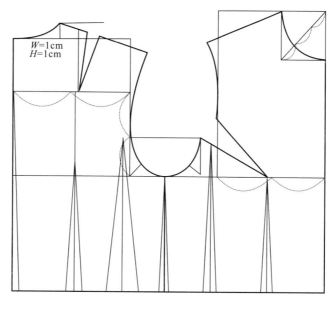

图8-25

二、袖片原型制板

（1）选择【成组粘贴】工具 ⊞ 快捷键【G】，将前后袖窿弧线，胸围线，侧缝线等复制拖动到空白区域，用【旋转】工具 ⟲ ，旋转合并前片袖窿省道。选择【智能笔】工具 ✎ 右键拖动后肩端点与袖窿中点，过前肩端点做水平线与之相交，如图8-26所示。

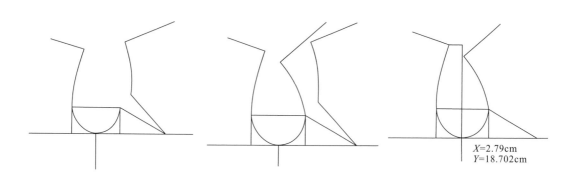

图8-26

（2）选择【等分规】工具 ⇔ ，快捷键【D】，将前后肩端落差距离二等分，过二等分点至胸围线六等分，如图8-27所示。

（3）选择【比较长度】工具 ✍ ，快捷键【R】，分别量出前后袖窿弧长并记录，如图8-28所示。

（4）选择【圆规】工具 Ａ ，快捷键【C】，过袖窿深5/6处画斜线长度分别为前袖窿弧线长和后窿弧线+1cm，画出前后袖山斜线长，如图8-29所示。

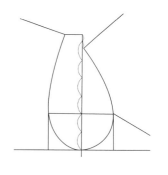

图8-27

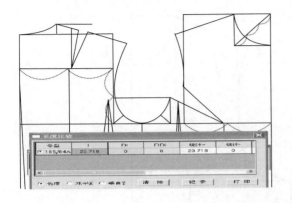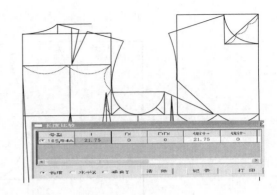

图8-28

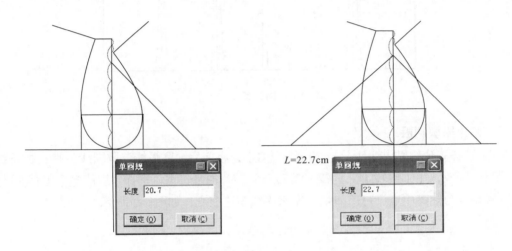

图8-29

（5）选择【智能笔】工具，右键并拖动前袖肥点与袖口中线点，画出袖口线与袖底线；鼠标放袖山水平线向下拉出间距为27cm的水平线为袖肘线，如图8-30所示。

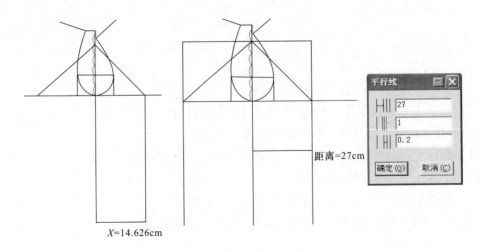

图8-30

（6）选择【智能笔】工具 ✐，按住【Shift】键同时左键在袖山斜线上拖动两点，用三角尺工具距离袖山定点5、6cm处，在前后袖山斜线上分别画出垂线段1.9cm和2cm。选择【成组粘贴】工具 ⬚⬚，快捷键【G】，分别复制前后袖山弧线至前后袖肥点，曲线连接各关键点，并调顺袖山弧线，如图8-31所示。

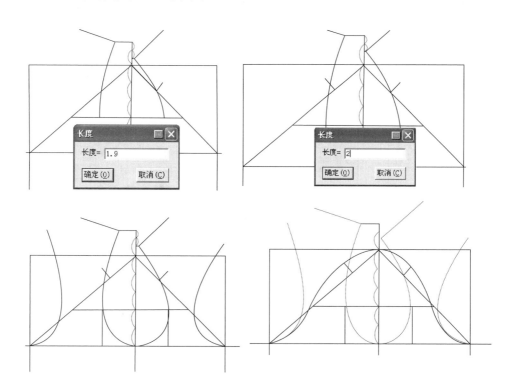

图8-31

（7）原型袖板型完成图，如图8-32所示。

三、原型放码

本模块参照服装号型5.4系列进行推档，各部位推档数值如表8-2所示。

表8-2

部位	后背长	胸围	领围	肩宽	袖长	1/2袖口
档差	1	4	1	1	1.5	同袖肥

拾取样板并修改缝份为0（该内容在之前的单元中已有详细叙述，在这不再重复），如图8-33所示。

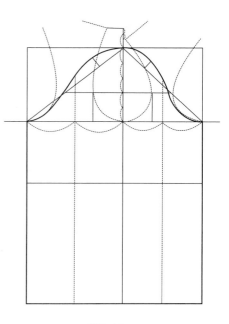

图8-32

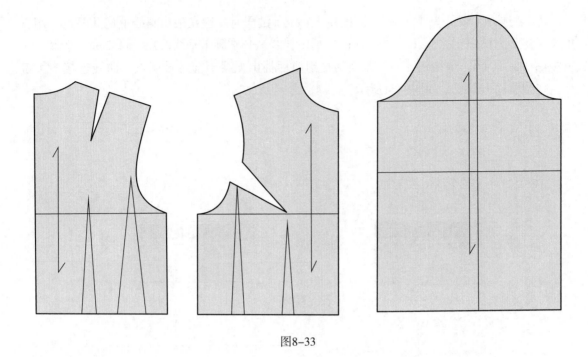

图8-33

前片以胸围线与前中心线为基准线，后片以胸围线与后中心线为基准线，袖片以袖肥线与袖中线为基准线，前后衣身原型，袖型放码完成图，如图8-34所示。

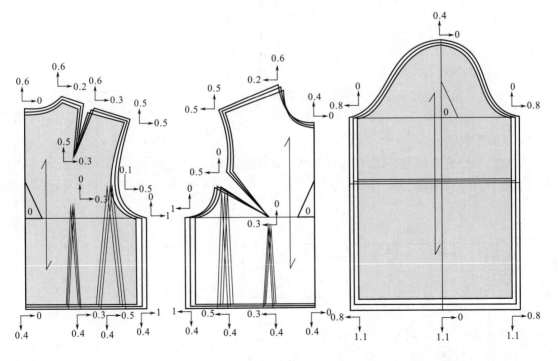

图8-34

【任务小结】

本节内容是女装制板的基础，要求学生不但要正确掌握用CAD来完成原型板型制作，更要求学生正确快速地完成原型板，理解原型放码原理及各放码点的放码数值。为今后高效地进行女装制板与放码打下扎实基础。

【任务评价】

任务评价见表8-3。

表8-3

内容	评分项目	评分点	扣分说明（扣完为止）	分值
CAD板型制作	样板结构	1. 利用新原型结构设计正确、合理，符合服装款式造型要求，体现电脑纸样设计过程（35分） 2. 线条流畅、规范（30分）	1. 衣前、后片、袖片结构不准确每处扣3分 2. 前、后片、袖片线条不流畅、轮廓线不准确每处扣3分	100分
	样板规格	1. 成品规格尺寸与样衣相符（12分） 2. 成品规格不超过行业标准的允许公差（3分）	1. 前、后片、袖片规格尺寸与服装号型以及设计稿的效果不符每处扣3分 2. 成品规格超过了行业标准允许的公差扣3分	
CAD板型放码	放码	放码方法正确，操作规范（20分）	各放码点数值错误每次扣1分	

思考与练习

综合实训

1. 前后衣身原型板制作。

2. 袖子原型板制作。

3. 衣身及袖原型放码练习。

习题

应用服装CAD软件的打板系统，参照本书中的制图步骤，完成165/84A原型衣身及袖子的CAD板型制作与放码。

任务二 历届大赛板型制作与放码

【任务导入】

随着全国职业院校技能大赛工作的推进，对职业院校的专业教学方向起着风向标作用。

【任务分析】

熟悉了解近年全国职业院校技能大赛中职组服装设计与制作项目工艺组试题及板型。

【任务实施】

一、2015年国赛CAD板型设计与放码

1. 款式图与说明

分体翻领，前后片衣身L形弧线分割，平下摆。Y形外贴门襟，门襟钉扣三档共六粒。后中设背缝，圆装短袖，袖口装装饰外翻边，左右袖口钉装饰扣各两粒，如图8-35所示。

图8-35

2. 规格表（表8-4）

表8-4　　　　　　　　　　　　　　　　　　　　（单位：cm）

部位	规格					档差
	155/76A	160/80A	165/84A	170/88A	170/92A	
后中心长	51	52.5	54	55.5	56	1.5
后背长	36	37	38	39	39.5	*
胸围	84	88	92	96	100	4
腰围	64	68	72	76	80	4
肩宽	36	37	38	39	40	1
领围	32	33	34	35	36	1
袖长	19	19.5	20	20.5	21	0.5
袖口/2	同袖肥	同袖肥	15	同袖肥	同袖肥	
注：样衣规格165/84A　*为不等档差						

系列规格表（5.4）

3. 结构图 （图8-36）

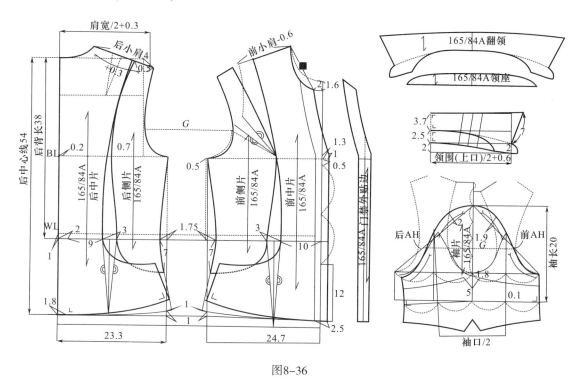

图8-36

4. 面、衬、净样板图 （图8-37）

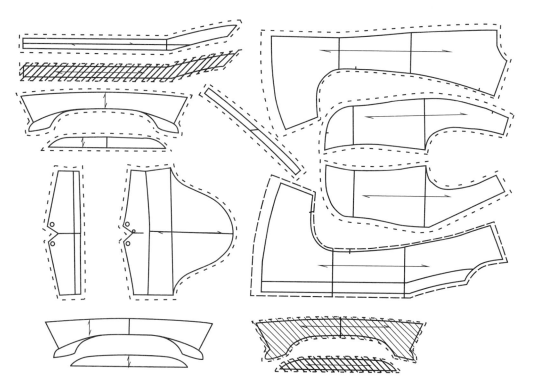

图8-37

5. 总推档图（图8-38）

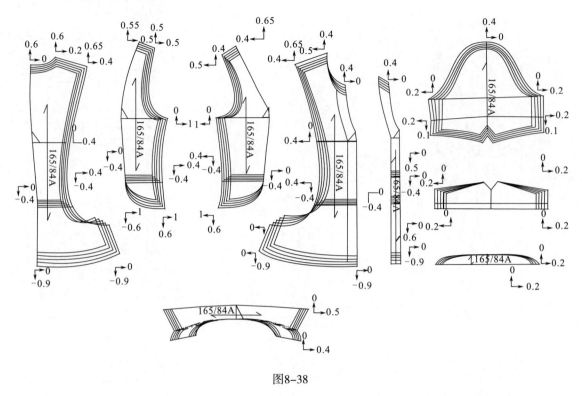

图8-38

6. 关键部位分析

（1）领子：该款领子为分体翻领，该翻领既有连体翻领的结构简单、工艺制作简便等优点，又有分体领的抱颈美观度，减少了工艺制作中部分归拔工艺，如图8-39所示。

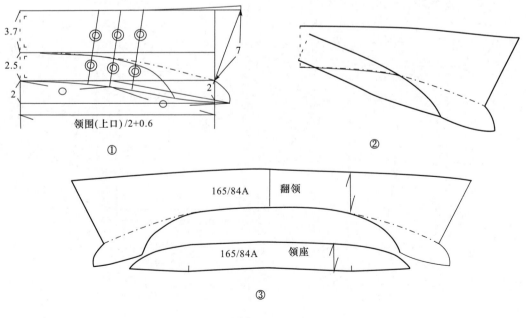

图8-39

（2）袖口贴边：为了减少袖口处缝制的厚度，袖口外翻边采用贴边里与袖口相连。为了解决袖口贴边面料与里料的匹配，袖口贴边面外口左右分别做两道切展，拉开0.9cm围度松量，如图8-40所示。

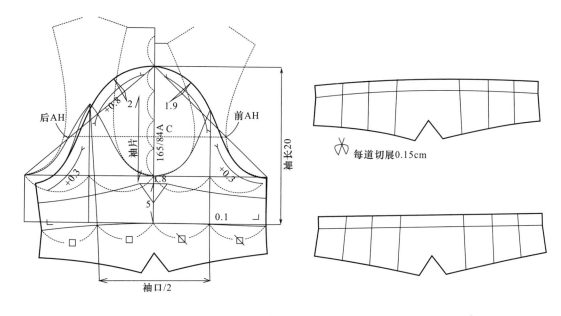

图8-40

二、2014年国赛CAD板型设计与放码

1. 款式图

小圆角立翻领，外翻直门襟，门襟钉扣六粒。前片衣身胸前弧线育克，左右设弧线刀背缝。后片衣身设背中缝，左右直线刀背缝。圆装变化款泡泡袖，袖口上部设弧线分割通过后袖窿，袖中部位设碎褶，袖口设窄条包边，如图8-41所示。

图8-41

2. 规格表（表8-5）

表8-5 （单位：cm）

部位	规格					档差
	150/76A	155/80A	160/84A	165/88A	170/92A	
后中心长	51	52.5	54	55.5	57	1.5
后背长	36	37	38	39	40	1
胸围	84	88	92	96	100	4
腰围	64	68	72	76	80	4
肩宽	36	37	38	39	40	1
领围	32	33	34	35	36	1
袖长	19	19.5	20	20.5	21	0.5
袖口/2	同袖肥	同袖肥	15	同袖肥	同袖肥	

系列规格表（5.4）

注：样衣规格160/84A

3. 结构图（图8-42）

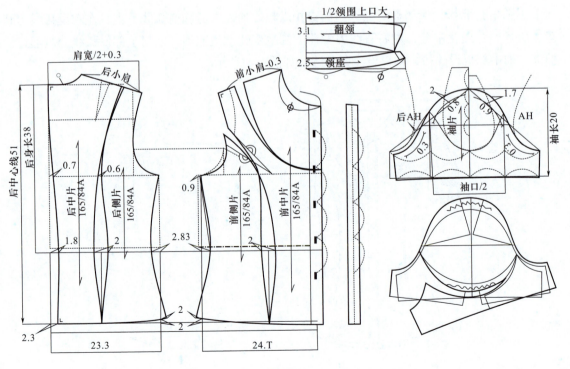

图8-42

4. 样板图（图8-43）

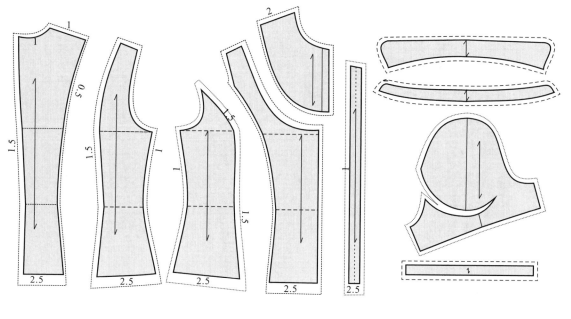

图8-43

5. 推档图（图8-44）

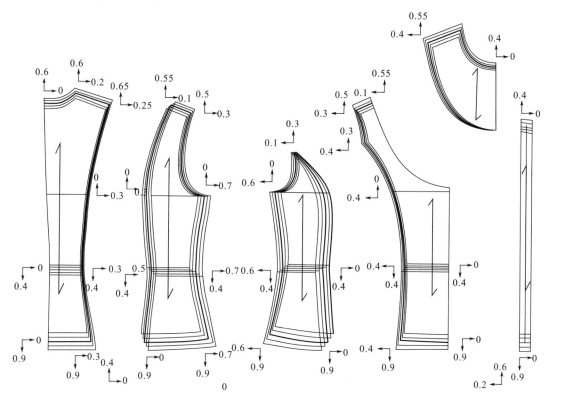

图8-44

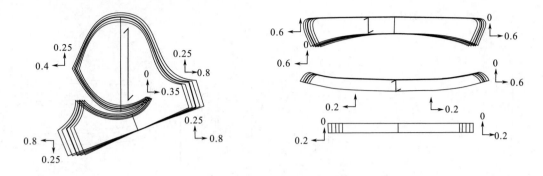

图8-44

6. 关键部位分析

（1）首先按原型袖公式画出基本袖型（图8-45），并保证基本规格符合要求。

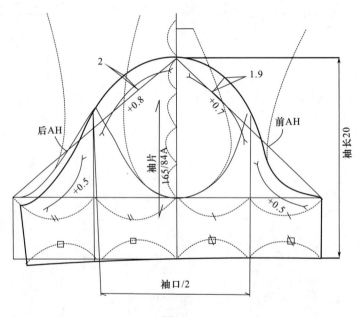

图8-45

（2）选择【成组粘贴】工具，快捷键【G】，复制出袖片基本型轮廓及袖中线、G线。选择【智能笔】工具，根据袖口分割造型画出一个分割辅助弧线。并用智能笔工具右键框选线条，将其交点剪断。用【旋转】工具，分别选着袖山的左右部分及袖口左右部分，旋转展开合适的量，如图8-46所示。

（3）选择【成组粘贴】工具，快捷键【G】，将后袖口分割量与前片合并，选择【旋转】工具，再将合并的袖口旋转拉开合适的量，如图8-47所示。

（4）选择【智能笔】工具，根据造型按展开的弧线画出袖口分割造型线，曲线连接袖山弧线，并将其调顺，分别打出袖山头与袖口分割处收碎褶位置余量，如图8-48所示。

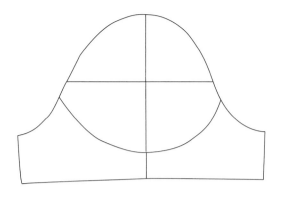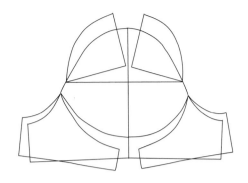

图8-46

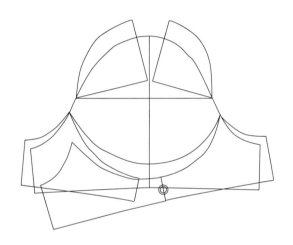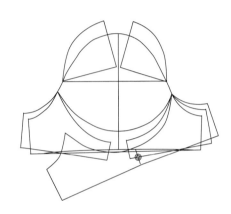

图8-47

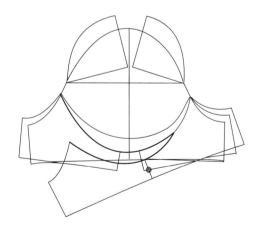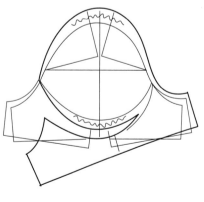

图8-48

三、2013年国赛CAD板型设计

1. 款式图

此款式为连身立领，单排一粒扣。前片设连领育克，前身驳头上端夹于育克，前后衣身左右设弧刀背，后背设背中缝，圆装两片袖，袖山头设装饰分割，如图8-49所示。

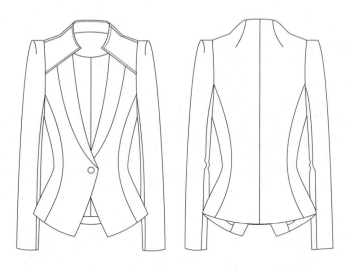

图8-49

2. 规格表（表8-6）

表8-6　女式春夏品牌规格表（160/84A）　　　　　　　（单位：cm）

部位	前衣长	后中长	胸围	腰围	肩宽	背长	袖长	袖口大
规格	65	61	92	74	36	37.5	59	13
注：未规定尺寸按提供的服装款式比例制板							

3. 净缝结构图（图8-50）

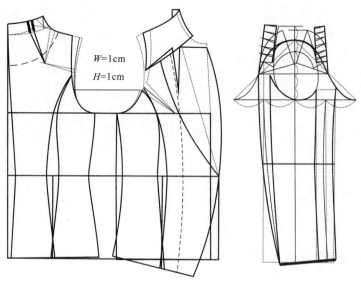

$W=1cm$

$H=1cm$

图8-50

4. 面料毛样板（图8-51）

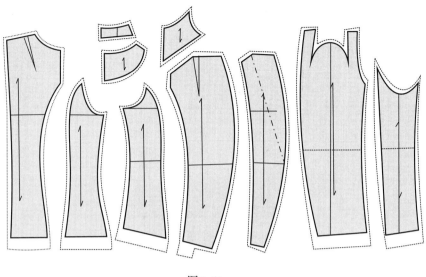

图8-51

5. 关键部位分析

（1）连身立领（图8-52）。

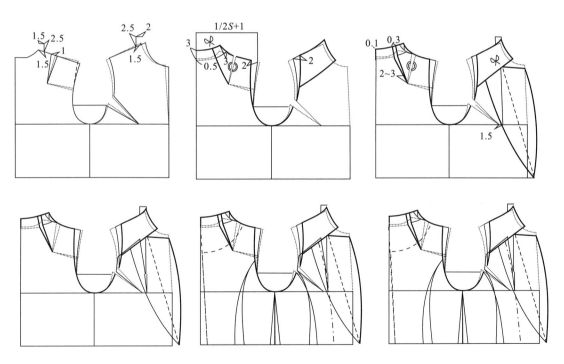

图8-52

（2）袖山变化 （图8-53）。

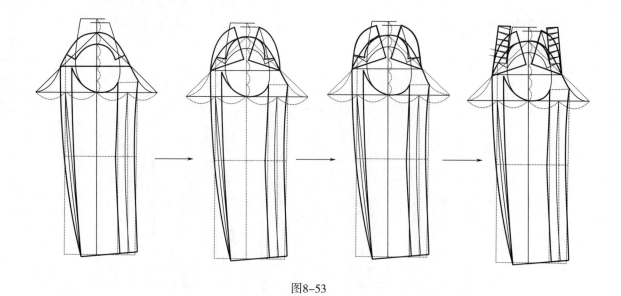

图8-53

任务三　流行款式板型制作与放码

【任务导人】

一、款式图

　　此款为双排一粒扣青果领女外套，平下摆，收腰合体型，前后片到L型分割，前侧腰下设横向分割，后背设背中缝，圆装两片式长袖，如图8-54所示。

图8-54

二、规格表（表8-7）

表8-7 （单位：cm）

部位 号型	后衣长	胸围	腰围	摆围	肩宽	袖长	1/2袖口宽
155/80A	51.5	88	70	92	37	55.5	11.5
160/84A	53	92	74	96	38	57	12
165/88A	54.5	96	78	100	39	58.5	12.5
170/92A	56	100	82	104	40	60	13
175/96A	57.5	104	86	108	41	61.5	14.5
档差	1.5	4	4	4	1	1.5	0.5

三、结构图（图8-55）

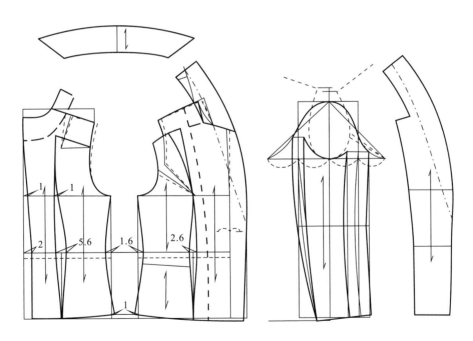

图8-55

四、样板图（图8-56）

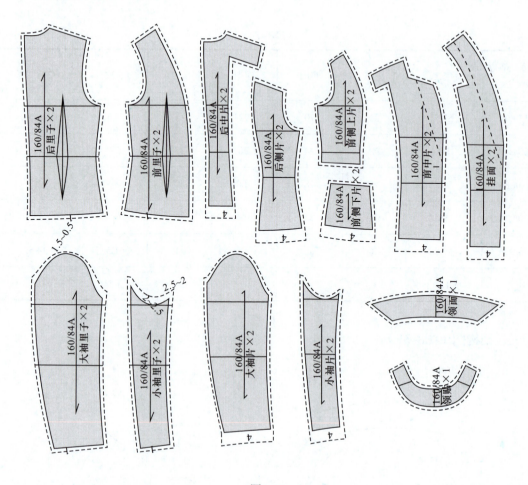

图8-56

五、推档图（图8-57）

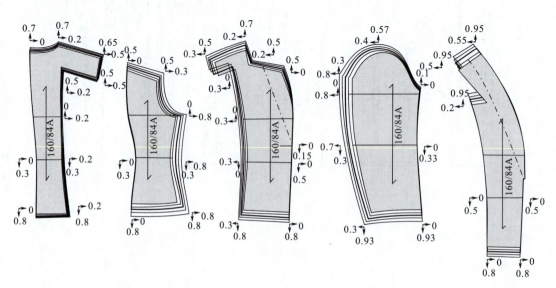

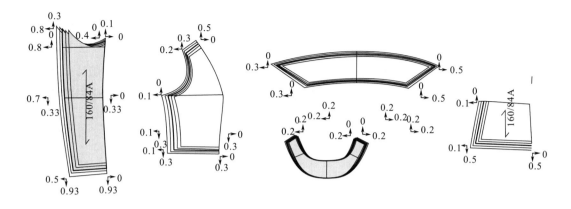

图8-57

参考文献

［1］闵悦，李淑敏. 服装工业制板与推板技术 [M]. 北京：北京理工大学出版社，2010.

［2］金少军，刘忠艳. 最新服装工业制板原理与应用 [M]. 湖北：湖北科学技术出版社，2010.